中国建筑设计年鉴

2019

（上册）

CHINESE ARCHITECTURE
YEARBOOK 2019

程泰宁／主编

辽宁科学技术出版社
·沈阳·

PREFACE 前言

前人云："建筑是石头的史书。"

现在看来，除了建筑材料的变化以外，作为一种载体来"书写"历史，建筑的特殊作用是毋庸置疑的，也是不可取代的。

事实是：人们通过历史上那些遗留下来的建筑，看到了希腊罗马的辉煌；体验到了中世纪人们对天国的向往；文艺复兴所带来的人性的解放；也更为清晰地观察到了现代工业社会文明的演进和变化……

今之视昔，犹如后之视今。不管我们是否意识到，我们今天的建筑师正在以自己的作品书写21世纪的时代精神，抒发这一代人的思想情感，展示着这个时代在工程技术上达到的水平。我们的子孙后代，将通过这些建筑作品来了解21世纪初期的中国和世界。"拿什么来奉献给他们"，是我们不能不面对的问题。

当下，中国正处于一个百年未有的大变革的"转型期"，建筑亦复如此。经历了百年来"崇古"和"西化"大潮的冲刷，已经有不少建筑师开始了自己的思考和探索，并且已经建成了一批能够记录这个时代特征的建筑作品。值得关注的是，为了更好地记录这个时代，除了这些建筑实体以外，这套书——《中国建筑设计年鉴》是以一种更为直观，更为丰富而系统的"书写"方式，把这些作品中的一部分记录了下来。它记录的是中国在转型期中的变化，也是中国建筑在这个重要时期的变化。为了"治史"，这些资料将是十分宝贵的。

从这个角度看，作为建筑师，理应对这套"建筑设计年鉴"给予自己的支持。

多年来，辽宁科学技术出版社不以营利为目的，坚持出版了2014年至2019年共6套《中国建筑设计年鉴》，赵敏建筑师等不少同行为出版编辑这套书

也做了大量工作。到今天，这套"建筑年鉴"已经有了较为广泛的影响。当然，为了使这本"史书"所反映的"忠实"能够更为翔实和全面，确实还有很多工作要做。这就需要得到社会各界，特别是更多建筑师的关注和支持。

我相信，有了更多人的努力，这套具有"治史"意义的《中国建筑设计年鉴》一定能越办越好。

中国工程院院士 程泰宁
2019年10月2日于杭州

CONTENT 目录

EDUCATION　教育

HOUSING 居住

WORKING 办公

TRANSPORTATION & INDUSTRY　交通、工业

建筑师团队
徐静、朱雷、姚昕悦、成实
王君美、方浩宇、吴昌亮等
结构设计
刘伟庆、陆伟东、程小武、孙小鸾、
马贵进、徐伟等（木结构）
韩重庆、孙逊、李亮等（混凝土结构）
设备设计
王志东、刘俊、赵晋伟、许轶、
周桂祥、臧胜、丁惠明、唐超权、王玲等
设计周期
2017年3月—2018年3月
建造周期
2018年1月—2018年9月
总建筑面积
14,281平方米
工程造价
1.2亿元人民币
主要建造材料
集成材、钢、钢筋混凝土
摄影
侯博文

江苏省，扬州市

第十届江苏省园艺博览会博览园主展馆

王建国、葛明 / 主创建筑师　东南大学建筑设计研究院有限公司 / 设计公司

第十届江苏省园博会选址于扬州枣林湾，主展馆处在南入口展示区，南侧为活动广场，北侧濒临景观水面，是园区内主要的地标建筑和展览建筑，总建筑面积14281平方米。设计致力于体现与时俱进的扬州郊邑园林历史上"寄情山水"的宏阔大气，以及具有地域性特征的新扬派建筑风格。

具体而言，主要有以下设计特色。

1. 山水格局和地域文化意象的表达

扬州园林受大山水格局影响，多与自然环境相结合，具野趣，同时园内有园并多阁，适宜登高望远。本次设计取自古画《扬州东园图》"别开林壑"的意境平面布局，表现了扬州园林大开大合的格局之美——南入口以高耸的凤凰阁展厅开门见山，与科技展厅相连的桥屋下设溪流叠石，并延续至北侧汇成水面，形成内外山水相贯之景。设置凤凰阁，既可在此俯览园博园，也可呼应场地东北方向的苏中第一高山——铜山。

2. 绿色建造示范和建筑持续利用

主展馆主体部分采用现代木结构技术，主要木构件均由工厂加工生产、现场装配建造，不仅是一种绿色建造，符合节能环保要求，而且还有效提升了施工效率，解决了工期紧张的问题，对绿色设计和可持续发展起到积极示范作用。同时，采用"潜伏设计"的理念，在功能和形态上兼顾了建筑展会后作为特色园林酒店的使用要求。

3. 景观交融的展示序列

设计因借自然，采用中国古典园林中的叠水手法。游人在观览展馆室内陈列后，可移步至建筑围合的园林中，感受小巧精致的林壑景观，为园区参观增加趣味性，也增加了景深与幽静，更贴近自然野趣。展厅与林壑交织的洄游式路径使得建筑与景观、室内与室外充分融合。

4. 现代木结构的设计创新

建筑中采用木结构的三个部分——凤凰阁、科技展厅及拱桥结构设计各具特点。凤凰阁是整个主展馆的核心区域，横向结构体系依据建筑外形，采用桁架顶接异型刚架结构，两侧带浮跨刚架，刚架跨度13.6米，高度近26米，为国内层高最大木结构。科技展厅跨度37.8米，屋面主体采用了张弦交叉木梁结构，可最大程度发挥木材的受压性能并大幅降低变形，同时交叉梁可提高屋面整体平面内刚度。拱桥是连接凤凰阁与科技展厅之间的交通枢纽，跨度29.4米，宽8.4米，采用拉杆拱形式的廊桥结构，主拱矢高6.7米，采用变截面胶合木，拱结构也是有效发挥木材受压性能的体系形式。

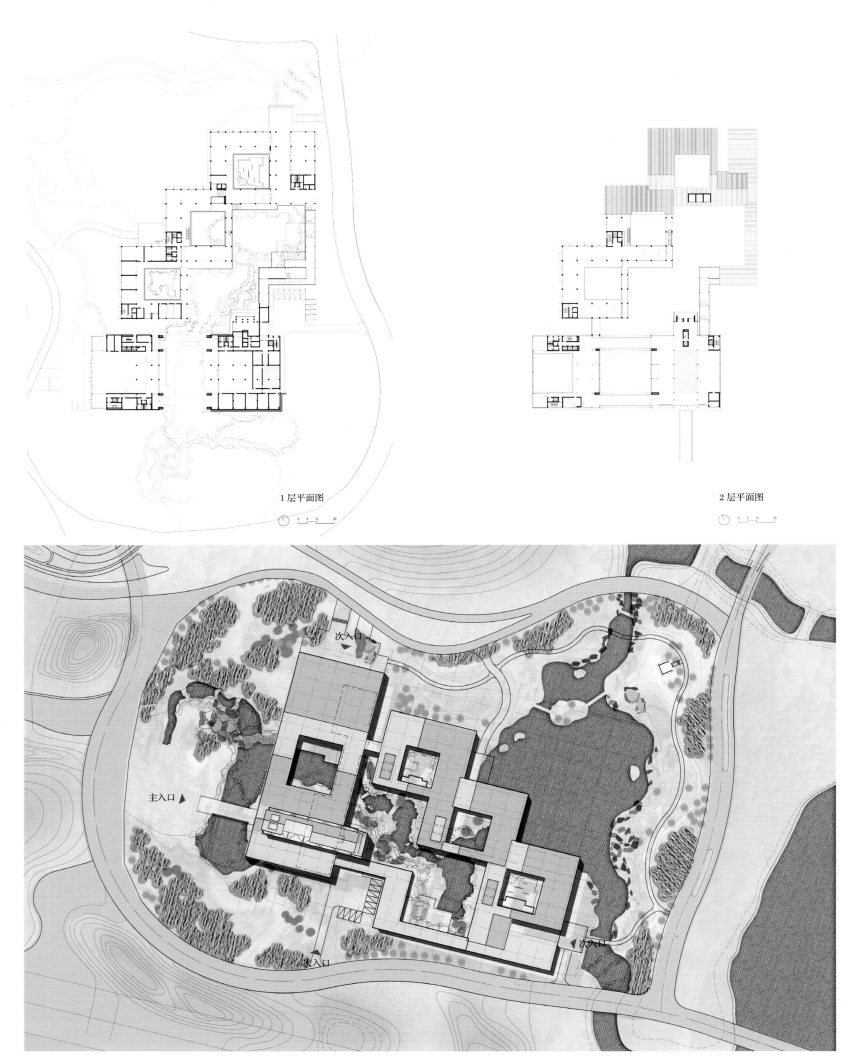

1 层平面图

2 层平面图

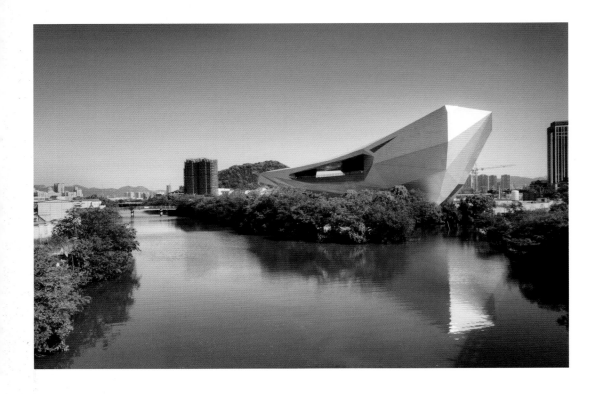

建筑师团队
陈玲、刘翔华、王忠杰、史晟
结构设计
杨旭晨、孙会郎、鲁小飞、冯自强
设备设计
杨迎春、何佩峰、李鹏展
设计周期
2011年11月— 2014年6月
建造周期
2013年 10月—2018年10月
总建筑面积
8,500平方米
工程造价
1.45亿元人民币
主要建造材料
钢材、蜂窝铝板、玻璃、石材、木材、砖
摄影
陈畅

浙江省，台州市

温岭博物馆

程泰宁 / 主创建筑师　杭州中联筑境建筑设计有限公司 / 设计公司

项目位于温岭城市新区的核心地段，由横湖北路、九龙大道、双桥河围合而成的三角形地块中。北面为开阔的水面，景观资源优越，南面聚集了大量的人流。市民的亲水性和对景观资源的趋向性，使这块三角形的地块成为周边区域内，最适合人群聚集，开展各类活动的场所。

1. 主要功能

公共大厅、临时展厅间和陈列展厅、专题展厅、报告厅、观众休息厅、办公、文物修复及库房。

2. 设计理念 / 灵感

石夫人山下的顽石。石文化是温岭主要的文化特征，新城又处在石夫人山山峦的怀抱之中，采用非线性的、有中国特色的石头造型，是一种十分自然的选择。让博物馆建筑与周围成片的高层建筑区分开来，以凸显其作为城市中一个标志性建筑。中国调性的非线性建筑造型：以数字"语言"作为

方法和手段，大大地拓展了建筑艺术的表现力，使文化、环境与建筑造型达到内在统一。

在四层展馆和报告厅之间，结合建筑形体设有一个带坡度的灰空间，形式如长屿硐天一般，让参观者在观展的过程中由室内转到室外，洞口向北面水体横向展开，令人豁然开朗，心旷神怡。

室内空间延续建筑设计"石夫人山下的顽石"的设计理念，营造宛如天开的石中溶洞的设计意境，墙面采用高科技水泥压力板，板与板之间均匀离缝，拼接成岩石边棱的效果。

3. 设计难点及解决方式

主体结构由4个钢筋混凝土核心筒和1根直径1米的钢柱为竖向支撑，核心筒之间以及核心筒距周边的竖向构件之间的最大跨度达35米，外围护结构由10000多块铝合金蜂窝折板组成，每

块折板角度各异，7～8个构件相交于一个节点的钢结构焊接点多达128个。整个建筑，支撑结构落地支点少，跨度和悬挑的尺度大，外立面折板的无规律，给设计、制作、施工、安装带来了极大的难度。设计采用RHINO(犀牛)和BIM技术，通过三维设计获得工程信息模型和几乎所有与设计相关的数据；应用红外线全站仪，对钢结构桁架和外围护折板进行三维定位。

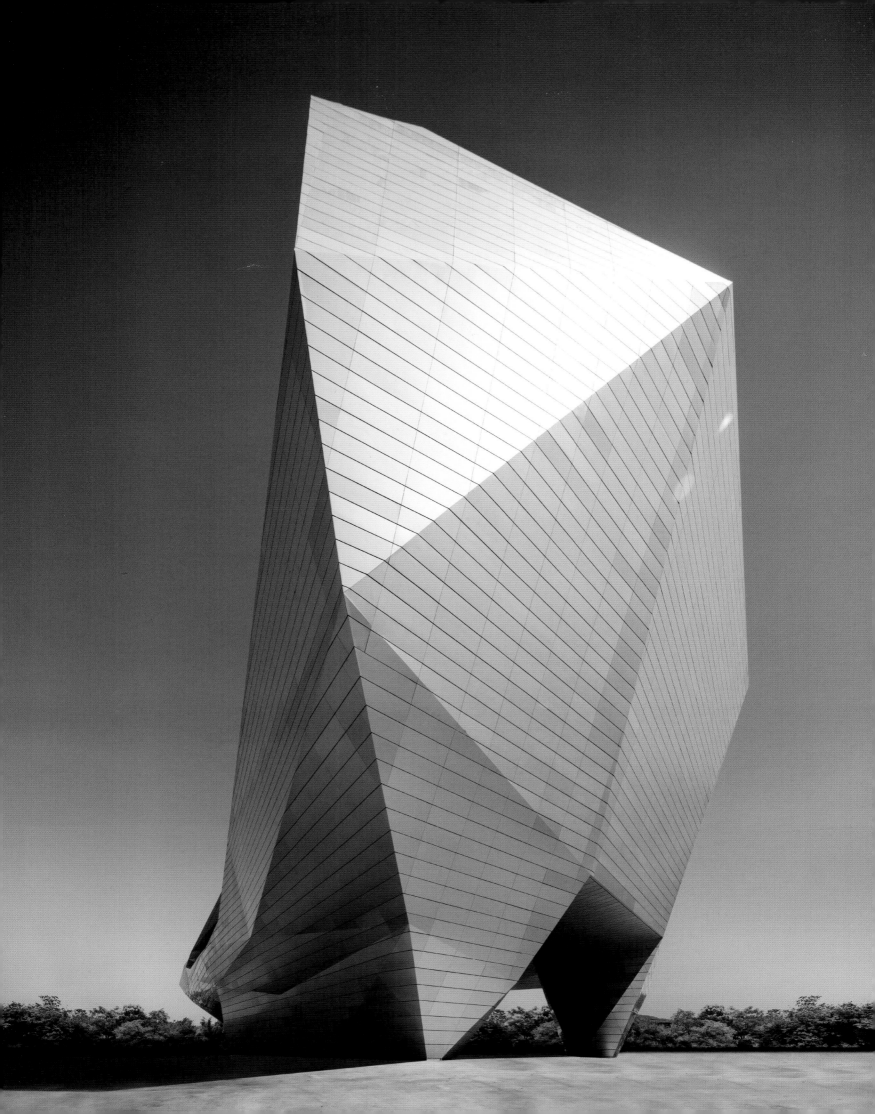

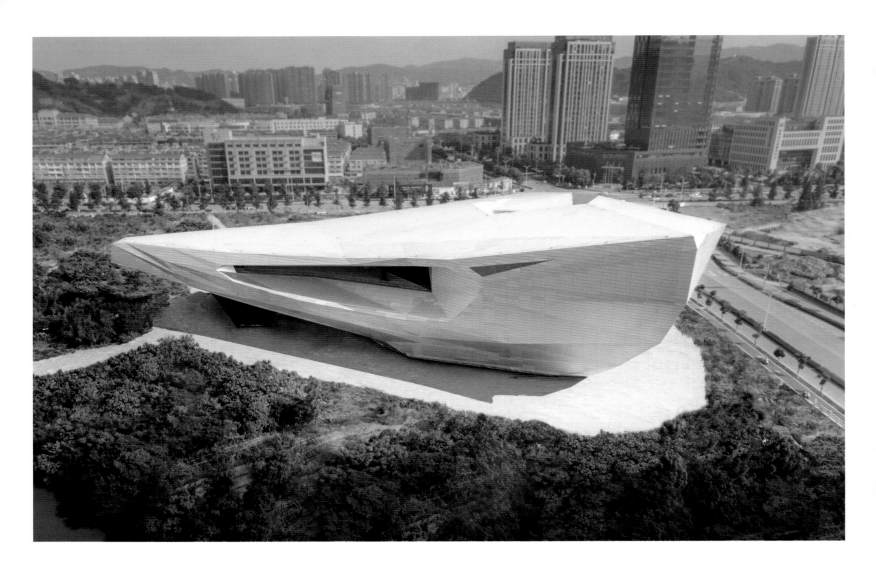

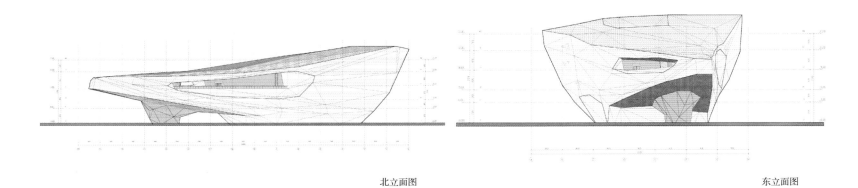

北立面图   东立面图

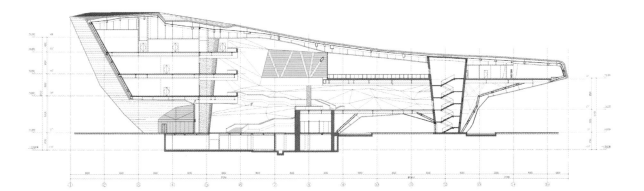

剖面图

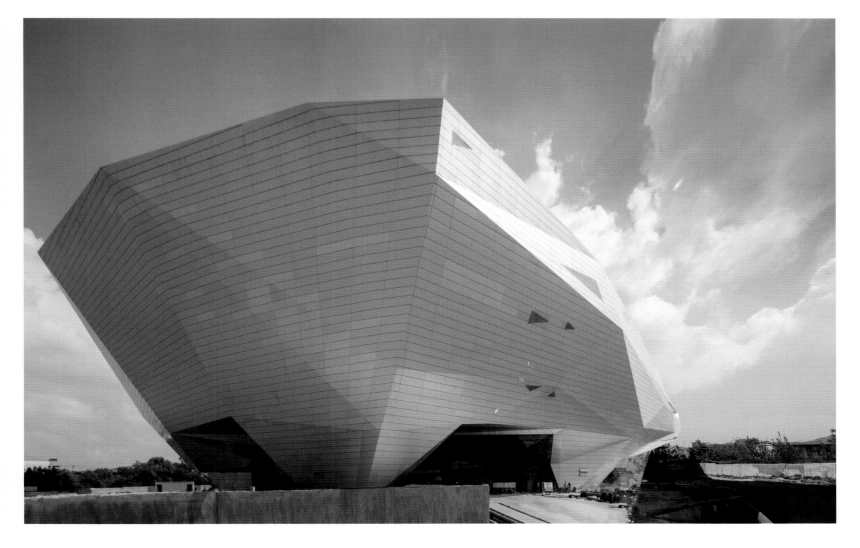

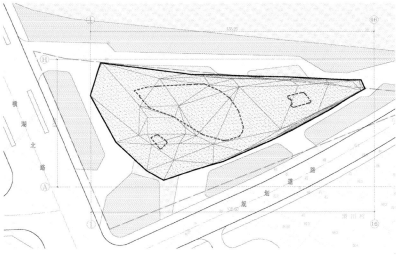

总平面图

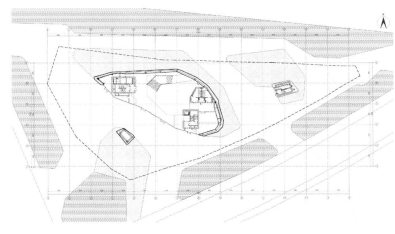

1 层平面图

2 层平面图

3 层平面图

4 层平面图

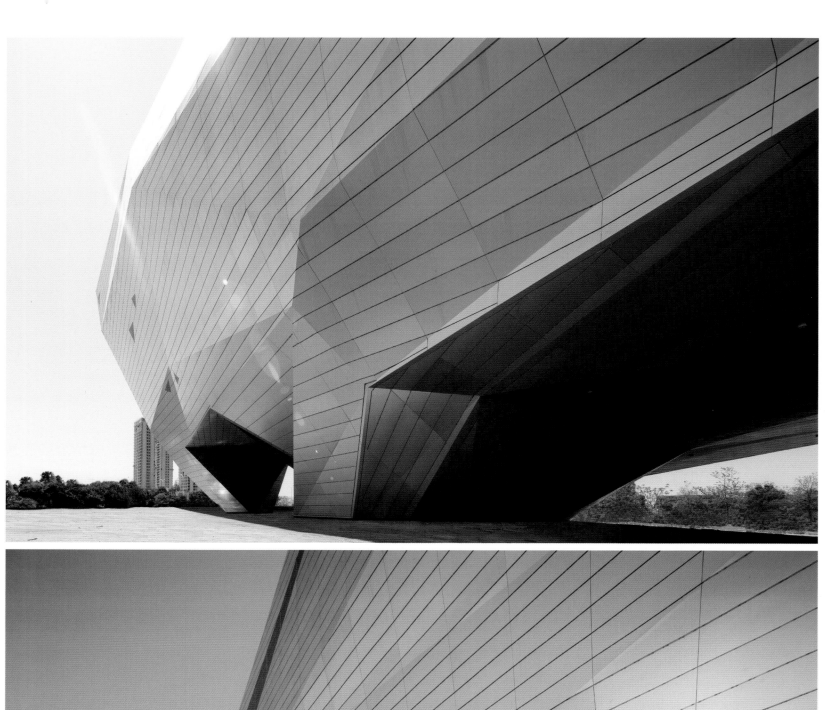

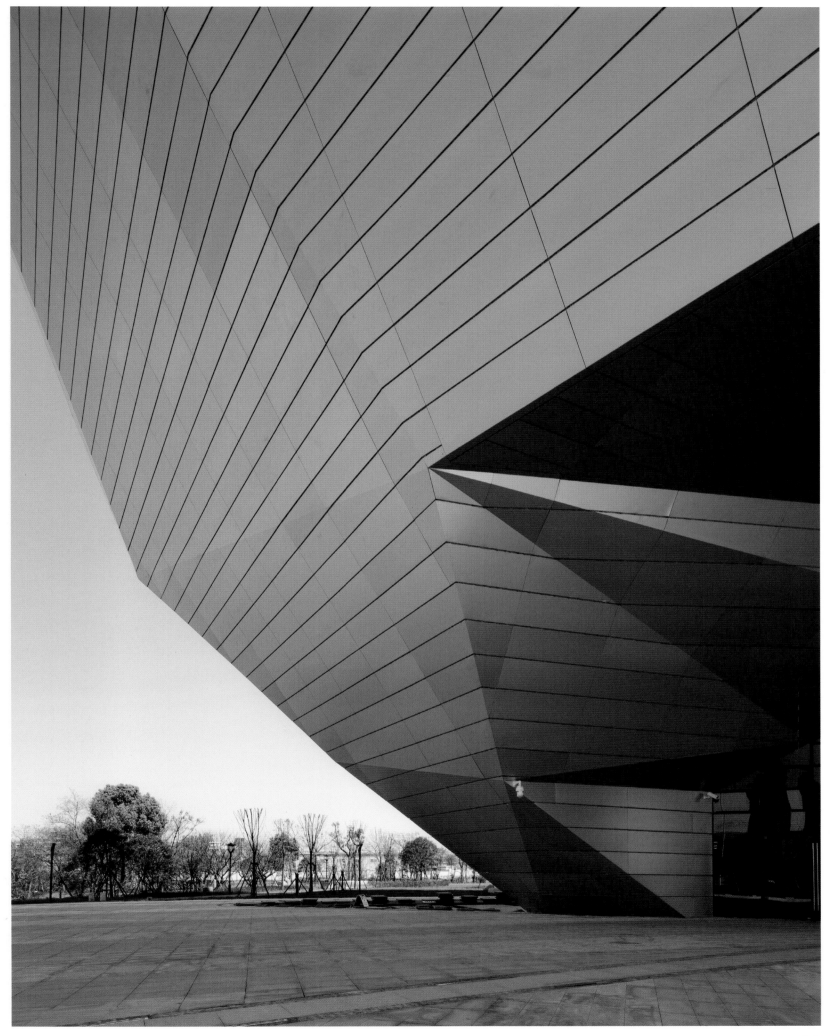

江苏省，南京市

江苏大剧院

崔中芳／主创建筑师　华东建筑设计研究院有限公司华东建筑设计研究总院／设计公司

建筑师团队

田园、方超、穆清、何志鹏、郭航、
董泳伯、刘希、金燕、李梦雨

结构设计

周建龙、芮明卓、姜文伟、李立树、
洪小永、江晓峰、徐慧芳、陈光远、
孙浩、殷鹏程

设备设计

梁葆春、东刘成、蒋晓毅、徐扬、
谭奕、王珏玲、陈伟伟（给排水）
马伟骏、刘毅、刘览、王宜伟、
董涛、孙国龙、项琳琳、钱翠雯、
梁韬、庄景乐、史宇丰、任国均、
吕欣欣（暖通）
於红芳、林彬、李家志、夏乐意、
邵民杰、曹承属、毛信伟、王威（电气）
王小安、徐亿、郭安、徐方燕、
蔡增谊、邵民杰（弱电）

设计周期

2012年10月—2016年12月

建造周期

2012年12月—2018年5月

总建筑面积

26,1482.6平方米

工程造价

37亿元人民币

主要建造材料

钢筋混凝土+钢结构、玻璃幕墙+石材幕墙
+钛复合板

获奖情况

上海市建筑学会建筑创作奖优秀奖
中国建设工程鲁班奖

摄影

贾方、江苏大剧院工程建设指挥部

1. 长江之滨的 "荷叶水滴"

江苏大剧院基地位于长江之滨的南京河西新城核心区。河西新城作为华东第二大CBD，以一横一纵两条轴线——文体轴和商务办公轴作为主体框架，大剧院在河西中心区东西向文体轴线西端，毗邻长江，与奥体中心隔轴相望。项目基地东侧有江苏省妇女儿童活动中心、金陵图书馆、国际礼拜堂、艺兰斋美术馆及地铁奥体中心站、地铁松花江路站，北侧是梦都大街，南侧为奥体大街，西侧隔着扬子江大道（滨江快速路）地面辅路与滨江公园相望。该地块对于自然景观以及城市空间层面均具有极为重要的地位。从自然景观层面，建筑位于潮起潮落的长江江畔，需要与临近的滨江公园保持融合的关系；从城市空间层面，作为文体轴通向江边的收端之作，既要保证建筑布局相对紧凑，又不宜过于完整而阻断了轴线的延续。因此，在江苏大剧院的设计过程中，将"水"这一美学意向贯穿始终，且采用了偏中轴的单元组合式建筑空间布局，契合了场地需求。江苏大剧院南北长约370米，东西宽约260米，檐口高27米，总建筑面积

26,1482.6平方米，由四个"水滴"状体量组成，通过动感曲线连接，形成浑然一体的流线形体。"水滴"状造型作为建筑主体的基本形体单元，下小上大的形态本身即带来一种充满张力的"拉伸"感。从视觉上，单元形态间的相互关系非常好地控制了较大范围的基地环境。"水滴"于顶部向中心倾斜，在建筑屋面呈现出花瓣状的肌理，营造出如"荷叶"上滚动"水滴"的有趣效果。大大小小的"水滴"也巧妙地容纳了歌剧厅、音乐厅、戏剧厅、综艺厅、多功能厅、位于各演艺场馆之间的共享空间以及配套服务区共七个区域。建筑表皮则采用了较为柔和的钛合金板覆盖，其上镶嵌了曲面玻璃构成的"飘带"，内部灯光效果透过玻璃，显现出灵动与变化感，使其在夜幕下熠熠生辉。

2. 关于建筑公共性的思考

在江苏大剧院方案设计之初，建筑的公共性就作为了最重要的关键词。华建集团华东建筑设计研究总院江苏大剧院项目设计总负责人、院副总建筑师崔中芳说："我们认为文化建筑不应该是

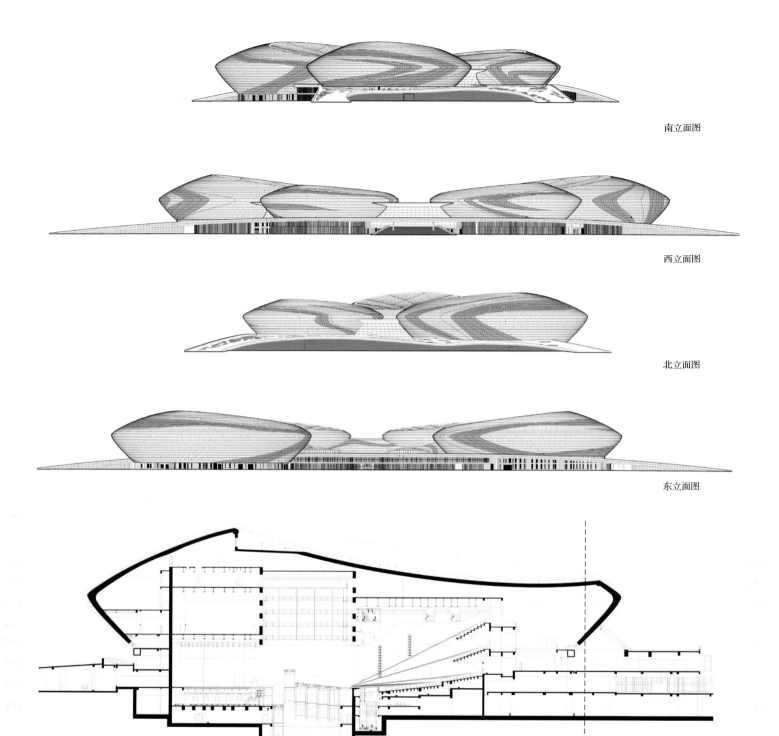

南立面图

西立面图

北立面图

东立面图

歌剧厅剖面图

高冷的，而是让大众容易亲近、能够近距离触碰到的，所以最开始对江苏大剧院的定位就是希望能有更多人参与。建筑能满足各个层面不同人群的需求，从观众到经营者到普通老百姓，都是它的受众，才能让它真正成为一个焦点。此外，每个文化建筑必然肩负着引领文化发展的重任，我们希望通过这个建筑，让该地区的文化得以阶梯式、平台式的提升。" 江苏大剧院利用相似形体的有机组织形成合力，又通过易于到达的公共活动平台设置，让空间保持流动的意态，并借场地扩展及

高度之利为市民提供了视野更开阔、更具活力的交往体验场所,体现出了文化建筑应有的公共性。连通内外的两个序列空间设计亦能表达设计团队对建筑公共性的思考。主要序列空间由一系列重要的室内外空间组合而成，串联起歌剧厅、音乐厅、戏剧厅、多功能厅、综艺厅，在空间的渐进式变化中将观众的情绪引向精彩的演出。辅助序列空间由一系列配套的室内外空间组成，沿"河西文体轴线"和椭圆形室外中心广场展开，作为主要序列空间的补充。此外，位于室外中心广场的南北交通搭

建起核心纽带的作用,串联起地下车库、底层广场、公共大厅以及露天公共活动平台等，将两个序列空间有机搭接起来。内部既相互独立却又有机联系，平台两端向外伸展与地面融为一体，既能满足各部分均可独立经营管理的要求，又能为更广泛的大众人群提供公共活动场所。

建筑师团队

宋晓鹏、王伦天、侯芳

结构设计

龙亦兵

设备设计

重庆市设计院

设计周期

2017年3月—2018年3月

建造周期

2018年1月—2018年9月

总建筑面积

6.8万平方米

工程造价

6亿元人民币

主要建造材料

石材、幕墙

获奖情况

北京市优秀工程二等奖

摄影

楼洪忆

山东省，滨州市

滨州市文化中心

窦志／主创建筑师　北京市建筑设计研究院有限公司／设计公司

滨州市文化中心设计主题为"水之印"，由北京市建筑设计研究院有限公司和滨州市规划设计研究院共同设计完成，它包括市博物馆、图书馆、群众艺术馆、滨州大剧院，四个独立使用的单体。

这座典雅大气的建筑坐落于黄河12路、渤海16路南侧，北临滨州技术学院，南依奥林匹克中心，西侧是滨州大饭店。博物馆、图书馆、群众艺术馆和滨州大剧院四部分建筑外侧是广场，内侧则围合成庭院，并与几何形的水池相互辉映，形成和谐的空间序列。

其中滨州市博物馆位于西侧，五层，建筑面积1.76万平方米；图书馆建筑面积近1万平方米；群众艺术馆是文化部命名的一级文化馆，建筑面积1.4万平方米；滨州大剧院可容纳1500人，建筑面积1.38万平方米。滨州市文化中心建成后矗立在市中心黄金地段的中海风景区，集合了城市中最重要的文化设施，并结合休闲城市功能，成为市民喜爱的文化广场和滨州市的新地标。

建筑师团队

李敏茜、刘嘉旺、许菲茵、蔡友源、李文杰、王玮

结构设计

黄泰赟、符景明、朱东烽、李源波

设备设计

叶军、张慎、陈广权、胡雪利、丘星宇、刘旭

设计周期

2010年—2014年

建造周期

2014年—2019年

总建筑面积

258,103.5平方米

工程造价

约35亿元人民币

主要建造材料

阿鲁克邦复合板材、石材、GRG、亚克力等

摄影

新绎文化

河北省，廊坊市

丝绸之路国际文化交流中心

黄捷、石林大 / 主创建筑师　北京市建筑设计研究院有限公司华南设计中心、日本设计株式会社、广州珠江外资建筑设计院有限公司 / 设计公司

项目所在地廊坊被誉为京津冀雄经济走廊明珠，处于一小时都市生活圈核心。距北京市中心40千米，距天津市中心60千米，距雄安新区80千米，距离首都机场70千米、北京大兴机场26千米、滨海国际机场70千米。3个国际机场7条高速30条公路，方便往来于环渤海地区各主要城市，区位优势明显，交通条件便利。在这里，文化中心将集聚世界目光，提升文化品位，带动协同发展，为世人打造一座文化和艺术的崭新地标。

项目为大型剧场文化综合体，具备文化交流、文化体验、艺术创造、艺术鉴赏、研究出版、文化教育普及六大核心功能，承担着为京津冀群众提供公共文化服务、推动区域文化艺术繁荣、开展国际文化交流的重要职责。

剧院群落

由5个演出空间构成，包含：1800个观众座席的大剧场，是中国第一个双模式、多功能大型剧场，可实现从16米到22米的台口自由转换，采用了标准吊杆和可移动轨道式吊架双套吊挂布局，台下设备由横向车台和可变标高升降台构成，能够满足国内外大型歌剧和大型歌舞秀的演出需求。1000个座席的中式剧场，主舞台由大型滚筒式转台、伸出式台唇、升降台面积约60平方米的升降乐池和侧舞台构成，可以根据演出需要，实现灵活多变的舞台空间组合，呈现出绚丽的舞台效果。900个座席的音乐厅，具备完善的建筑声学空间，钻石形的大型多面反音罩，构成了极佳的空间视觉美感，又增强了层次分明、频响清晰的音乐听觉效果，满足音乐会、歌剧、声乐类演出的要求，是一座具有独特气质的音乐殿堂。两个400座的AB多功能剧场，分别按照单向舞台和多向可变式舞台设计，均配备了完备的舞台吊挂设备和灯光音响设备，具有舞台和观众座席可收放功能，是两个典型的多功能空间，可以满足各类演出以及会议报告、走秀、产品发布等与演出相关的业务活动需求。

艺术馆群落由总面积为12,000平方米的展陈空间和总面积为9600平方米的艺术品库区构成，将整合国内外著名策展人与艺术机构资源，定期举办以摄影、书法、设计、雕塑、美术、非遗为主要内容的专业展览，同时结合其他业务需求，配合推出艺术品拍卖、学术交流、工作坊、艺术教育、主题沙龙等主题活动。为文化消费者打造集体验性、专业性、知识性、文化性于一体的文化体验空间。

礼仪厅

有以西方和平之鸽为设计理念的2200平方米西礼仪厅和以东方友谊之桥为设计理念的

2400 平方米东礼仪厅以及 4000 平方米的中央大厅等多个公共空间以及完备的宴会与商业配套，可以满足公众休闲和举办公共集会、各类艺术嘉年华的需求，打造世界一流艺术、时尚等顶级文化活动空间。

会议中心

拥有 7 个不同规格的报告厅及会议厅，满足多种类型会议、论坛需要。8800 平方米商业空间，汇集同步世界潮流的商业业态，打造全方位的艺术享受。

项目以"流动的云"为建筑灵感、以"丝绸之路"的文化理念进行内饰设计，力求打造集演、赛、节、展、会等活动于一体的大型文化综合体。

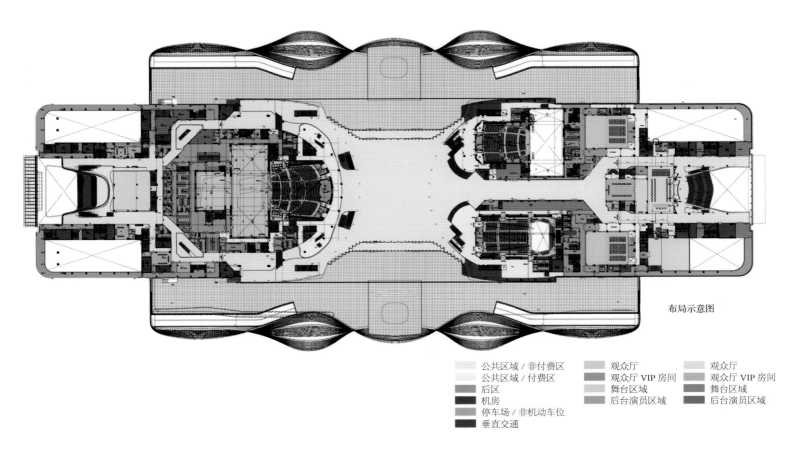

布局示意图

公共区域 / 非付费区　　观众厅　　观众厅
公共区域 / 付费区　　观众厅 VIP 房间　　观众厅 VIP 房间
后区　　舞台区域　　舞台区域
机房　　后台演员区域　　后台演员区域
停车场 / 非机动车位
垂直交通

建筑师团队

李敏茜、许菲茵、周璐、刘荣坤、符晓风、邱森林、蔡友源、黎璇

结构设计

广东省重工建筑设计院有限公司

设备设计

广东省重工建筑设计院有限公司

设计周期

2015年底—2017年

建造周期

2016年底—2019年初

总建筑面积

69,028平方米

（地上部分4,1736平方米、地下部分27,292平方米）

工程造价

4.75亿元人民币

主要建造材料

钢筋混凝土、玻璃幕墙、石材幕墙

摄影

曾翰

广东省，鹤山市

鹤山市文化中心

黄捷、余彦睿／主创建筑师　北京市建筑设计研究院有限公司华南设计中心、广东省重工建筑设计院有限公司（合作设计）／设计公司

1. 地理位置及周围环境

鹤山是广东省江门市代管的县级市，位于广东省南部珠江三角洲腹地，是中国著名的侨乡"五邑"之一。鹤山市文化中心项目位于鹤山市沙坪鹤山大道北侧，隶属新城行政中心片区，定位为集约式文化综合体，为市民提供一个多功能、综合性文化活动的场所。

2. 主要功能

主体建筑分为东西两区：东区主要包括博物馆、图书馆、学术报告厅等功能；西区主要包括剧院、文化馆、青少年活动中心、妇女儿童活动中心等功能，两组建筑之间形成容纳市民大型活动的市民广场。

3. 规划设计理念

城市客厅——"山水绿谷"

设计将鹤山市文化中心定位为城市的"山水客厅"，以山水为意象，打造一个城市与自然融合、人与环境共生的城市客厅，以迎接鹤山市民的到来。设计将文化中心融入"山水绿谷"中，让市民从多方向汇聚于"城市客厅"，形成一个完整连续的城市中轴线。开放共享的"城市客厅"将成为一个集休闲、文化、展览及商业为一体的活动场所，一个易于进入，让人乐于停留的市民建筑，与五邑"自得""自然"的人文思想相得益彰。

地域肌理——"古劳水乡"

设计在具有地域特色的"古劳水乡"原生态景观中提取水网、围墩、民居三种元素，通过现代设计手法将其演变成为建筑的空间肌理，形成广场、庭院、巷道等具有地域特色的岭南空间。建筑体量和广场院落互为图底的空间关系，再现了传统街巷中富有人情味的小尺度空间。产生了外部具有整体建筑界面，内部分散、化整为零的群落式布局，形成一系列连续的有各自特征的广场院落体系，呼应了当地水乡丰富的文脉肌理。

4. 建筑设计理念

建筑外观——"四水归堂"

建筑群的整体组织采用了岭南"四水归堂"的传统布局，博物馆、规划馆的主入口与水系相融合，模拟古村落空间沿水而建的传统特点。并通过"开放—围合"的空间手法，在博物馆、规划馆之间建立连续性空间，将展览流线融入岭南的美学元素，结合自然环境强调岭南特色空间的"参与性"与"互动性"。

建筑空间——复合化空间设计

本案设计对于文化类建筑的思考不仅仅停留在地域文脉的呼应上，更试图回归到建筑本体，通过身体的经验、脚步的丈量、时间的感知去体验或静谧、或曲折、或深邃、或空明的内在空间品质。例如，在博物馆的设计中，我们利用时间秩序

来组织空间，更多的是实现一种动态空间的延展
体验。空间节奏的变化体现在穿越不同展厅过程
中，在空间宽度、高度、界面、光线的综合变化中。
类似古典园林"移步异景"式的空间叙事，使人们
在时间轴上经历不同节奏的变化和转换，与日常
匀质化的时空体验拉开距离，产生时间拉伸的感
受，使建筑本质中的时间性得以强化。

建筑总平面图

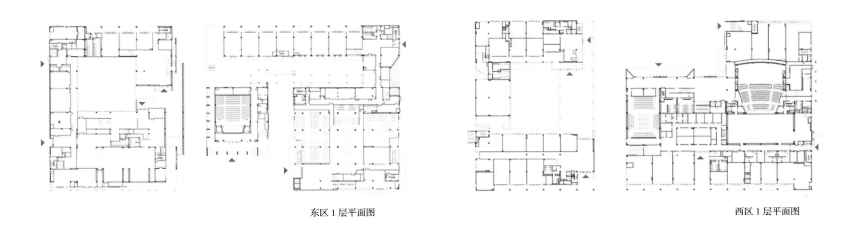

东区 1 层平面图 西区 1 层平面图

建筑师团队

黄皓山、赵亮星、林哲、李丽欣、
彭雪峰、卫轲、卢顾中、潘玉婷、
孙竹青、徐永坤、卢永钿

结构设计

黄泰赟、边建烽、杜元增、符景明、
庄信、何铭基、李卫勇、李源波、陈映瑞

设备设计

叶军、胡雪利、张慎、丘星宇、
田小婷、罗尚华、冯石琛、国群山、
区锦聪、罗志焱

设计周期

2012年2月—2018年2月

建造周期

2014年—2018年6月

总建筑面积

126,012.59平方米

工程造价

235,253.76万元人民币

主要建造材料

钢筋混凝土、GRC挂板

获奖情况

广州市工程勘察设计奖一等奖

摄影

张广源

湖南省，长沙市

长沙梅溪湖国际文化艺术中心

黄捷、张桂玲／主创建筑师　北京市建筑设计研究院有限公司广州分公司／设计公司

长沙梅溪湖国际文化艺术中心由三个相对独立的单体组成，包括一个1800座的大剧场、一个500座的小剧场（多功能厅）、一个当代艺术馆；以及为整个项目配套的零售、餐厅和咖啡厅，以及为以上公共设施配套的设备用房、剧务用房、演出用房、行政用房、停车场等。

总建筑面积为126,012.59平方米，大剧场建筑面积48,116.09平方米，地下建筑面积为13,849平方米；小剧场建筑面积为15,266.5平方米，地下建筑面积为5857平方米；艺术馆建筑面积为39,895平方米，地下建筑面积为9115平方米；零售区域面积343平方米。

大剧场是以演出大型歌剧、舞剧为主，能满足国内外各类歌剧、舞剧、音乐剧、大型歌舞、戏剧、话剧等大型舞台类演出的使用要求。小剧场（多功能剧场）以灵活的剧场演出布置方式作为特点。它

可以最多容纳500名观众，并可以根据演出要求改变座位排布。因此，小剧场可以满足从宴会和商业活动到小型话剧、时装表演和音乐演出等众多不同的活动和表演需求。现代艺术馆集艺术展览、艺术交流等功能于一体，以艺术品流动展览为主，以固定展示为辅，兼顾艺术培训、艺术品交易等，设置永久收藏展区和灵活的布展空间，目标为宣传和展示湖南省文化及世界各地的艺术品，力求打造湖南最先进的世界一流的文化艺术中心。

长沙梅溪湖国际文化艺术中心项目的概念设计是：为长沙创造出一个全新的，彰显功能性、优雅性和创新性的文化和城市中心。

扎哈·哈迪德建筑师事务所为文化艺术中心提出的概念是一个城市性的，由不同场所围绕"中心广场"所构成的网络。这些场所是：大剧场、艺术馆、小剧场（多功能剧场）和商业设施。文化艺

术中心的设计结合了不同的层次，建立起一个鲜明的个性，避免建筑设计过于单一或者视觉混乱。三个主要的建筑组成一个相辅相成的一个家族。各个建筑单体的形态与功能相呼应。这种独立有个性的形式强烈地散发着城市的易读性及参观方向的清晰性。多变性与连贯性的结合，是建立强烈城市感的最好途径。

建筑师对这个文化艺术中心的设计概念是以城市为本，致力创建一个由场地组成的延续流线网络和文化景观区以吸引四面八方的游客。围绕中心区域也就是"中心广场"的组合元素有：1800座大剧场，500座小剧场（多功能厅），当代艺术馆，零售、餐馆和咖啡厅的设施，连通性是这个设计方案的主要设计特点之一。每栋建筑单体均可以通过独立的，由不同类型的使用者而组织的各种流线进出。在这些流线之中，景观平缓的起伏并塑造出单独的入口区域和室内大堂。这种空间处

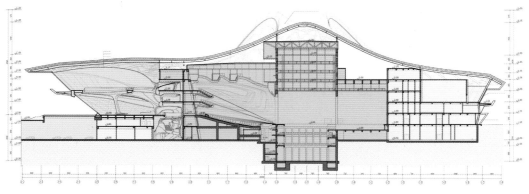

剧场剖面图

理可以灵活地组织流线并作为交通汇聚点以确保所有使用者可到达。

就如同水波纹一样，此项目的景观设计呼应着建筑物和基地内的人流动线。这个方法允许了景观设计的高度流动性。一些围合空间如沙丘般包裹着建筑物，营造出富有亲切感的空间，形成防护屏障和微细的空间划分。在这些几何形态中产生的联系性是非常流动的，并强调空间的连续性和地面－建筑的关系。

长沙梅溪湖国际文化艺术中心的总体布局功能分区明确，各部分相对独立又有紧密的联系。地下室中的停车库是共享的，各单体的地下区域既独立又有联系。地上部分，三个单体相对独立，各据基地一角，大剧场位于东面，小剧场位于西南面，艺术馆位于西北面。三个单体的主入口均面向中心广场，位于不同的标高，方便大量人流集散又利于广场空间与大堂空间之间的连续贯通。各单体的后勤办公、货运通道、设备区域均位于相对面向中心广场的前厅而言的后区，位置相对安静，流线清晰独立，避免大量人流的干扰。

建筑造型缘起于"芙蓉花"，每个单体由"芙蓉花"的花瓣衍生而来。大剧场为四片花瓣，艺术馆为三片花瓣，小剧场为一片花瓣，高高低低地散落在梅溪湖畔。

选择恰当的外幕墙材料会更加突出建筑物的三维形态。三个单体建筑外幕墙材料为GRC玻璃纤维加强混凝土板与玻璃的组合，大剧场与艺术馆屋面较为平整的区域采用铝单板屋面系统。

建筑物的表皮根据建筑立面的朝向而做出不同的选择。大面的外墙采用GRC玻璃纤维加强混凝土板，以减少在长沙炎热的夏天对热量的吸收。

玻璃幕墙主要应用在露台、天窗、中庭采光顶、局部外墙等位置。在中庭大面积采光顶的位置，建筑幕墙之间适当增加遮阳系统以调节室内环境的舒适度。

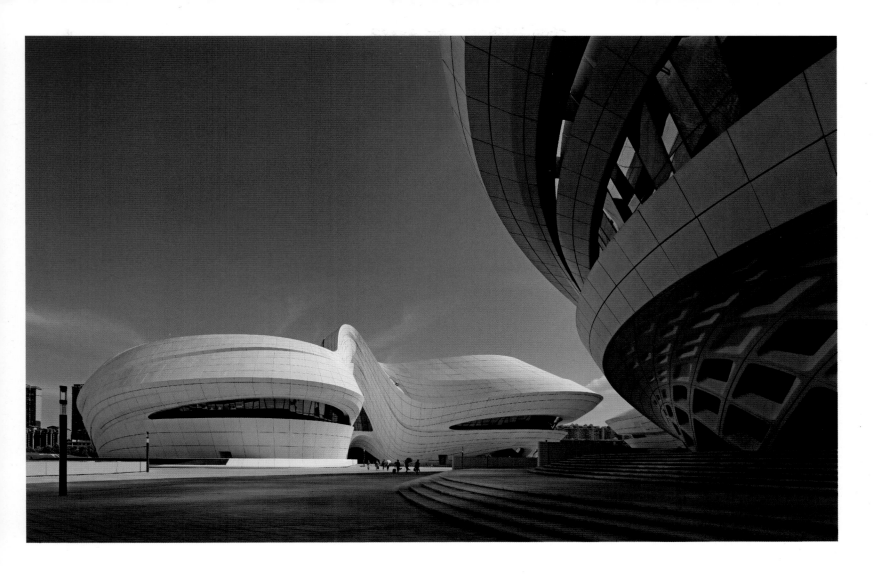

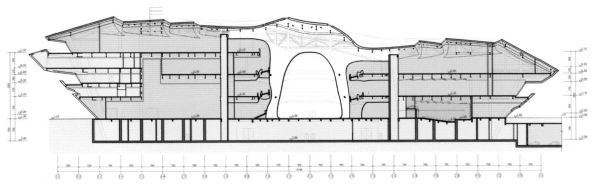

艺术馆剖面图

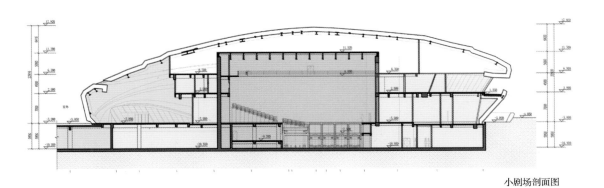

小剧场剖面图

建筑师团队

张宇、吴剑利、孙宝亮、马丫

结构设计

甄伟、盛平、高昂

设备设计

段钧、周小虹、张志强、李昕

（暖通给水专业）

庄钧、张瑞松、陈莹、张争、杨光

（电气专业）

设计周期

2012 年 5 月—2017 年12月

建造周期

2014 年 5 月—2018 年1月

总建筑面积

55,987.77平方米

工程造价

6.6亿元人民币

主要建造材料

地下钢筋混凝土结构、地上钢结构、外立面

石材幕墙、玻璃幕墙

业主

北京嘉德艺术中心有限公司

施工

中建三局集团有限公司

获奖情况

2019年北京市优秀工程勘察设计奖

（公共建筑）一等奖

2019年北京市优秀工程勘察设计奖

（装配式）一等奖

第十三届第二批中国钢结构金奖

2016年度北京钢结构金奖

2016年度北京市结构长城杯金奖

摄影

杨超英、吴吉明、柏挺

北京市，东城区

嘉德艺术中心

张宇、吴剑利 ／主创建筑师　北京市建筑设计研究院有限公司、Buro Ole Scheeren事务所（建筑方案）、宋腾添玛沙帝建筑工程设计咨询有限公司（结构方案）／设计公司

　　嘉德艺术中心是中国最大的国际拍卖艺术中心。该艺术中心的定位，遵循北京市"十二五"规划中促进文化产业发展的要求，综合王府井北部及隆福寺地区的文化创意产业发展现状，成为集拍卖、展览、博物馆、文物储藏、鉴定修复、学术研究、信息发布、精品酒店为一体的亚洲首个"一站式"文物艺术品交流平台。同时，中心通过免费开放的各类高端艺术品展览交流活动，向公众提供高水平的公益性文化服务。

　　项目位于北京市东城区，中国最著名的商业街王府井大街 1 号，基地北侧的五四大街是朝阜历史文化轴，中国美术馆是该地区的核心建筑，东侧为华侨饭店。独特的地理和历史信息成为建筑设计的切入点和立足点。

　　建筑上部悬浮的"方环"呼应周边现代建筑，形成城市空间过渡，承载酒店功能，无缝服务下

部空间的拍卖展示空间，并采用"透明砖墙"，融入传统建筑中的砖墙肌理，给人以整体通透轻盈的感觉。建筑下部将胡同的肌理延伸至基地，采用退台的方式层叠呼应西侧旧城保护区，解决了新、旧城区空间的冲突问题。石材幕墙采用的老北京城的灰色，厚实稳重。以圆窗镜筒作为像素点，将《富春山居图》抽象到石材幕墙上，传达出建筑本身的文化气质。

　　对历史的尊重。在一层大厅以挑高中庭的空间形式与翠花胡同形成对景，在南立面复建了民国时期的图书楼，在东侧红线外保留五四文化运动时期的围墙，最大限度地保留了历史文化轨迹。

　　与地铁的结合。东侧受地铁 8 号线换乘站共建站房的影响，在地下一层至地上二层用地红线内建有风井、风亭和通道，北侧的下沉广场与地铁 6 号线进出站口、通道和无障碍电梯完美结合，为

城市植入绿色市民空间。

　　外幕墙设计。首层至四层为菱形间隔单元式石材幕墙系统，上部 4 ~ 8 层外立面为错缝玻璃幕墙预制型小单元系统。圆形双面玻璃镜筒内置LED 灯镶嵌在深灰色石材幕墙上，抽象地呈现了中国元代画家黄公望的《富春山居图》。

　　结构设计。在 2~3 层设置了整层高的转换桁架支托其上的两层楼盖，桁架高4.2 米,跨度26 米。建筑的 5~8 层均悬挂在核心筒外，采用 4 层通高悬挑 12.6 米的桁架，成南北两侧对称分布，桁架弦杆直接贯通，结构布置经济合理。

广西壮族自治区，南宁市

南宁市科技馆

王兴田／主创建筑师　　日兴设计·上海兴田建筑工程设计事务所（普通合伙）、广西
壮族自治区建筑科学研究设计院／设计公司

建筑师团队
杜富存、周瑾、张峻、谢雪玲、贾红
结构设计
李杰成、曾昭燕、陈远森、韦亮、蒋莉莉
设备设计
周涛、何思逾、肖嫦、许可、庞宗乾、
凌玲、王健
设计周期
2008年6月—2010年6月
建造周期
2012年8月—2018年6月
总建筑面积
35,581.23平方米
工程造价
1.88亿元人民币
主要建造材料
玻璃、铝板、太阳能光伏板、外墙水泥板
摄影
曾江河

南宁市科技馆位于南宁市东盟商务区内，铜鼓岭路南侧，桂花路东侧。场地为一坡地，南高北低，由科技馆主馆、科技会堂组成。总体布局分为两大块，基地靠近铜鼓岭路一侧为科技馆主馆，科技馆分为主展厅、运动馆、综合馆、培训馆及公众大厅五大部分，基地北侧独立设有一个400座的科学会堂。形成一座集科学体验、科技展示、文体运动、培训交流为一体的新型科技馆。

1. 尊重自然，顺势而建，保持原生态化的环境构架

项目场地为一自然山坡；南高北低，设计中根据功能把项目分为几个体量依地形坡度的变化而形成台阶状布置，利用地形高差减少开挖；并在各馆之间设置室外绿化庭院，让建筑和环境自然地融合为一体。整合建筑特殊山地环境，力图使建筑与城市环境、地段环境形成对话。整合建筑与环境关系，并从多方位、多视点考虑整体形态，发

挥地形优势，创造丰富的空间变化与形态变化。使用多种建筑手法令建筑取得良好节能减耗效果。

2. 三角锥造型设计成为科技的象征

通过中央序厅连接各个功能展馆，形成多元功能的整合。建筑总体造型简洁现代，科技馆的常设主展厅，需要集中的高大宽敞空间，满足特殊的布展需要。常规的平层空间设计，会使得内部进深大，采光困难，且结构梁柱对空间布置有限制。钢结构三角锥的设计思路为解决这些问题提供了方法，锥体的3个面都可按需要进行开窗采光，使得内部空间都能享受自然日光，形成1500平方米、高约20~30米的无柱展览空间。

在三角锥体南侧表面设置太阳能光伏板，利用光伏技术产生的电能满足科技馆部分的能源需求，也体现出新科技带来美好生活、生态绿能的设计主旨。在锥体中，太阳能板可以较好地融入铝

板及玻璃组合而成的锥面肌理中，并不显突兀，且可形成更丰富的立面肌理,简洁有力的几何体造型,强调建筑的科技感、未来感。三角锥体在山坡上拔地而起的建筑形体凸显科技给人类带来的力量,表面的肌理处理体现了科技的速度感。

3. 设计让出了入口广场的空间,满足市民活动的需要

科技主馆主入口处设置一半圆形广场,可成为群众室外集体活动的场地,自然而然地融入城市公共空间。并为场馆巨大人流的集散提供开阔场地,也为科技馆完整的建筑形象展示提供视觉距离。现代科技进步、人民对健康的需求、追求未来生命科学,三者合一推动技术进步。干挂水泥板外墙、铝单板幕墙、镀膜玻璃幕墙、钢筋混凝土外墙等现代材料的使用让人联想起建筑的基本功能属

性。环境的依山而上和科技的依势而起使得人文生活更美好。

4. 屋顶绿化

室内外庭院的空间渗透以及屋顶引入导光系统、绿化种植屋面等设计充分利用南宁市当地亚热带气候特点,坡形绿色屋顶也是一种新尝试,配合后期建筑使用中各项参数的收集对比,可为资源节约与环保技术的完善提供真实可靠的设计数据,为以后的绿色屋顶设计储备了充分的经验,南宁科技馆作为一座绿色节能建筑,也展现了南宁当地的时代感。

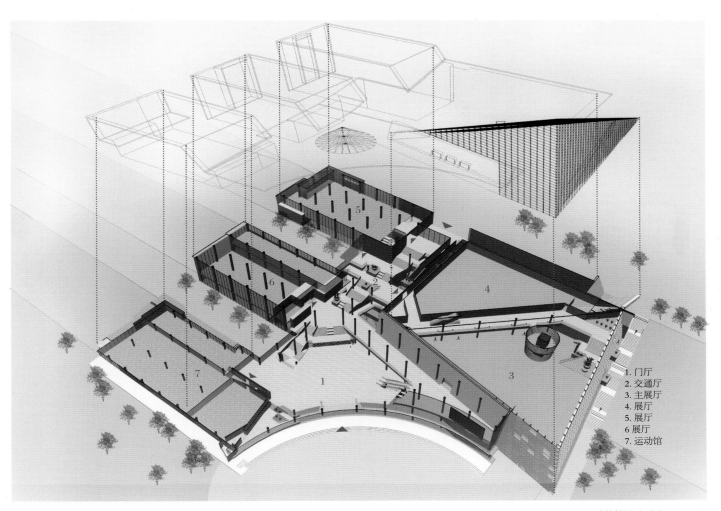

1. 门厅
2. 交通厅
3. 主展厅
4. 展厅
5. 展厅
6. 展厅
7. 运动馆

建筑轴测平面图

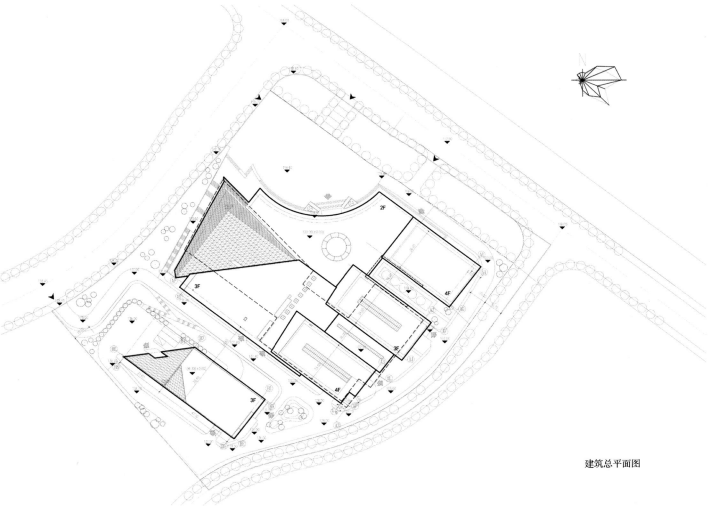

建筑总平面图

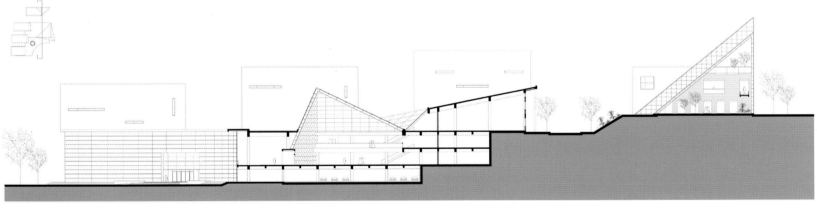

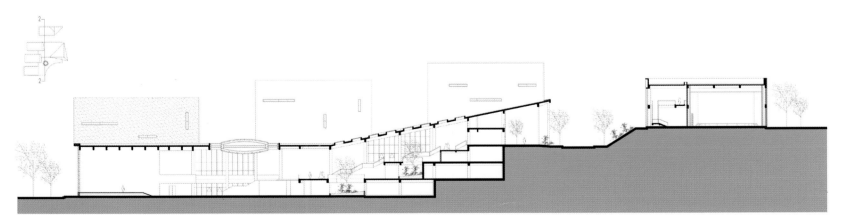

建筑剖面图

建筑师团队
蒋春雨、陈晓娟、解丹、褚英男、黄致昊
结构设计
孙晓彦、龚政
设备设计
合肥壹间室内设计有限公司
设计周期
2018年5月—2018年6月
建造周期
2018年5月—2018年6月
总建筑面积
245平方米
工程造价
30万元人民币
主要建造材料
木材、青瓦、砖、玻璃
摄影
王睿

安徽省，池州市

奇峰村史馆

宋晔皓、孙菁芬／主创建筑师　清华大学建筑学院、SUP素朴建筑工作室／设计公司

安徽省池州市石台县的奇峰村，位于牯牛降风景区的山腰。村前一片平整的农田，白墙黑瓦的农宅依山而建，奇峰村便逐渐隐退至山间竹林里。村口的房子多为公共建筑，如碾坊、农具库、公社队屋等；村民住家则藏在后山深处。

队屋曾经是奇峰村生产大队的公共用房。室内有两层：底层用于储存农具，加工粮食，囤积材料；二层用来开会及劳作中途的休息。现如今随着农村的凋敝已久未使用，并因年久失修漏雨而空置。

在徽州民居对自然敬畏和对自我克制的徽派哲学里，更新古村的最好方式，当然不是拆旧建新，更不是无节制地占地盖房。我们尝试将留存的队屋，通过整修和适度的改造，重新服务于村里的现代生活，此为"无建斯建"。在此前提下，队屋的更新，需要同时服务于村里人和村外人。对常驻

的村民，它是休闲聚会、喝茶聊天的公共客厅；对外来的游客，它是展示村史和特色的村史馆。

在现场调研并对队屋的现状评估后，我们制定了以下改造策略：

1. 以结构加固和外墙屋面的修复为主，解决老屋漏雨、透风、结构安全隐患等基本问题。

2. 用对原有空间做减法的方式，增加多样化的使用模式，提高利用率。故改造中，将沿外墙的末跨打通为通高吹拔；最重要的改动，是将最端头的一跨两侧实墙打通，去掉二层楼板，形成两层通高的内街，再将楼梯置于此跨，把原来的室内空间变成公共穿行的内街。不仅增加了展厅与公众的接触面，让人不进室内就能在内街里观展，不进展厅就能用上二楼的公共空间。

3. 就地取材，加工回用。无论是屋面的青瓦，

还是二层简单的木楼板，都是耐久的老材料，只要仔细地拆除回收，对青瓦分拣处理，对木板稍做削切打磨，就能有效地回用。既节省了建造材料，又让改造后的建筑延续原有的历史文脉。

4. 尽可能地用当地工匠熟悉的工法，将工业化的现代部品构件和施工方式控制在最小范围内。

最终队屋呈现的，就是在以上四条改造原则下，项目业主、地方工匠和建筑师三方各自坚持但又互相包容的结果。这一次的实践，让我们有了一些更深的思考和体会。在我们看来，对建筑的处理，能让人感觉不到其中刻意而为的设计，却能有舒适自然的体验，就像《道德经》所讲的"大音希声，大象无形"，可能会是当下乡村建设的一种更为贴切的方式。

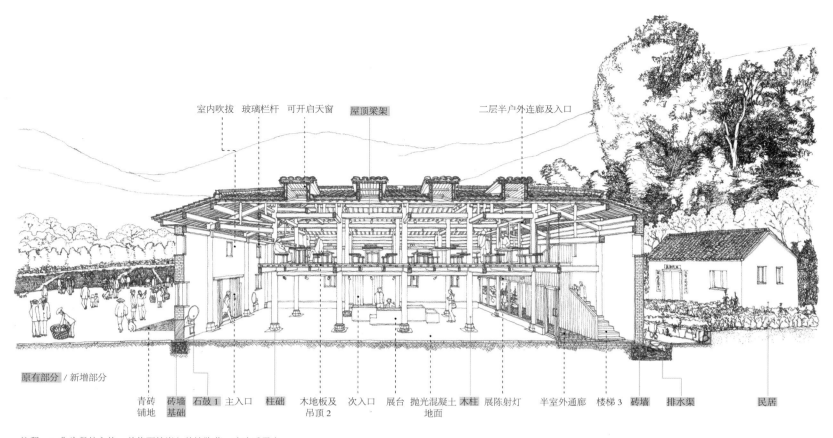

室内吹拔　玻璃栏杆　可开启天窗　屋顶梁架　　　　　二层半户外连廊及入口

原有部分／新增部分

青砖　砖墙　石鼓1　主入口　柱础　木地板及　次入口　展台　抛光混凝土　木柱　展陈射灯　半室外通廊　楼梯3　砖墙　排水渠　　　　民居
铺地　基础　　　　　　　　　　　　吊顶2　　　　　　　　地面

注释：1. 作为保护文物，曾将石鼓嵌入外墙隐藏，改造后露出。
　　　2. 木地板及吊顶板使用建筑原位木材，抛光处理后重新利用，并增加基层。
　　　3. 加固新增楼梯采用钢结构木质饰面的构造方法。

建筑师团队

徐鹏、朱亮、李娟、陈迪龙、李小斌、
罗爱军、刘刚、陈凤凤

结构设计

上海隽执建筑科技有限公司

设备设计

重庆市设计院

设计周期

2018年5月

建造周期

2018年12月

总建筑面积

11，640平方米

工程造价

3000万元人民币

主要建造材料

木结构

获奖情况

2019金盘奖（重贵赛区）年度
最佳预售楼盘奖

2019 第十三届金盘奖年度最佳预售楼盘奖

2019WACA世界华人建筑创作奖

摄影

存在建筑

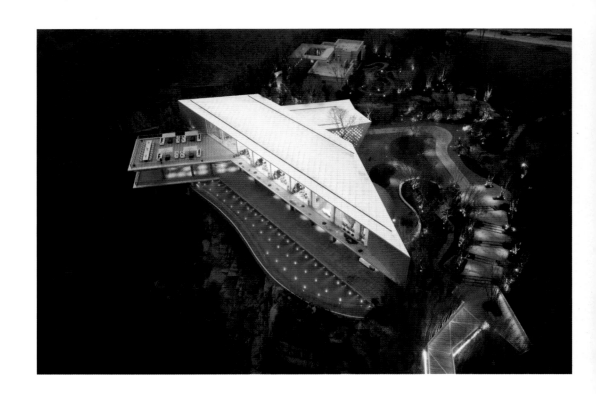

重庆，渝北两江新区

重庆华宇御临府艺术中心

李杰／主创建筑师　上海成执建筑设计有限公司／设计公司

干净。建筑师企图摒弃纷繁复杂的炫技手段，简单明了地从材料和建构入手，以纯粹的设计融合自然景观，但界限的消失不是边界的消失，目的是做最适宜的建筑。

本案位于重庆龙兴悬崖之巅，远眺御临，极简设计，顺应地形。建筑师选择将建筑置于最高处的岩体之上，极具戏剧性的断崖式高差，巧妙地选择角度后，最大化利用景观资源，一望无际的视距，建筑犹如张开双翅的仙鹤傲立于仙岩之上。倚山而建，山物一体，十里之外，仍见其磅礴雄姿。

建筑强调一种透明与轻质的特性，并呼应建筑与自然之间暧昧关系的存在。当面对自然时，经由空间中隔断界质的界定所表现出来的那种人和自然之间所存在的可见或不可见的暧昧与模糊的关系，与细致情感的再抒发皆于本案中体现。东北侧的竖向观光电梯，高度约为 30 米，是人与建筑连接的桥梁。

设计上追求内部功能的理性清晰明确的逻辑思考，把内部的事物规则体现在外在形式上。在这座临崖会所中，简单明确的几何形体堆砌与穿插，包含展示中心、时光画廊、球形放映厅、临崖无边泳池、露台酒吧等，将室内外空间连成一体，通透而又自由流动。

在项目的景观面采用大面的玻璃幕墙，达到极好的通透性，使室内外互为景观、互为主角，打破了空间的屏障相互交融，完美地体现了现代建筑、现代材料的艺术效果。

在整个简洁干练的建筑体型中，放入一个优美的球形体量，增加了参观者的游览体验度，而材料、材质与建筑体块的穿插，使得整个项目刚中带柔、画龙点睛，无疑是"构筑"最好的体现。

结构的理性，主张的是结构内在规则与表性，形式来源为胶合木结构本身，反映的是其需求的合理性，又以菱形格构强调空间的连续性。结构美学是理性与感性、人工与自然、工程与工艺、内隐与外显、形式感和力量感的完美结合。

3.7 米 X2.3 米的菱形木格构空间有强烈的序列感，游走于该空间的人们并不会感到混乱的视觉冲击，反而给人一种震撼心灵的波动。功能及流线与建筑结构本身形成良性互动，胶合木构件弱化了空间的空旷感，并增加了空间的层次感与写意性。

胶合木结构具有天然的美学优势，不仅作为结构构件，更能作为装饰构件，丰富室内空间，空间在结构的衬托下更接近于自然，创造出视觉上的美感和心理上的和谐感，增加了空间的叙事性。

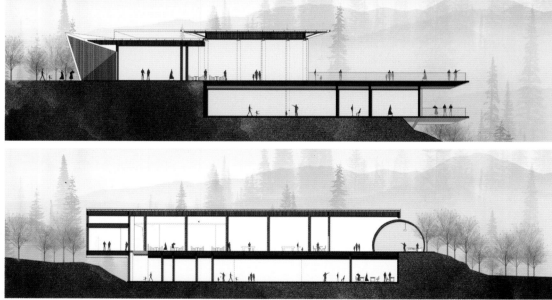

剖平面图

表皮图案与菱形格构相呼应，重复的图案发挥到一种极致的表现时，就体现双重重复性。重庆部分时节光影不强，建筑师突破自然光影所产生的限制，利用材料的特性塑造出更细腻与若隐若现的光影效果。使表皮成为内外领域之间的一层薄膜，突破与超越了以往窗与墙所组构的形式，成为可感知的界面。

建筑的实面表皮采用色调为高级灰的金属铝板，以三角形为母题的构图方式排列。对铝板进行了变化设计，采用参数化技术，精确地控制到每块铝板的折角变化，通过有序的数学排列使建筑表皮产生优美的变化，使得建筑带有正在进行的流动之美。

本案主体为胶合木结构，墙体与屋面为轻型木结构，是高装配率建筑，能够突破悬崖场地施工难的限制，在阴雨绵绵的冬季，仅3周之内便完成主体结构的搭建。施工现场无须塔吊，降低了施工场地的需求及费用。

木结构构件全部由盐城工厂提前预制，为不破坏建筑美感，胶合木柱与格构木梁体系相交时，将柱头外露钢件与木柱内嵌钢梁用螺栓与植筋胶巧妙连接，隐藏节点，保证设计的利落与干净。

建筑师团队
刘东英、杨世强、简雪莲
结构设计
苘林建筑设计事务所
设备设计
苘林建筑设计事务所
设计周期
2016年12月—2017年8月
建造周期
2017年10月—2018年6月
总建筑面积
156平方米
工程造价
约80万元人民币
主要建造材料
型钢、进口松木、阳光板、水磨石
摄影
赵奕龙

浙江省，金华市

武义梁家山·拾云山房

陈林／主创建筑师　苘林建筑设计事务所／设计公司

南边多山，山有深林。

"拾云山房"位于浙江省金华武义县一处山林古村之中，村子保留了完整的夯土民居面貌，村中建筑依山势高差而建，群山环绕，村口处尚存几颗繁茂的古树，已上百年。"拾云山房"坐落于村口广场不远处，旁边是保留完好的夯土三合院民居，场地原址有一个牛栏房，坍塌后被拆除。

建造是为了给古村提供一个阅读的空间，一个让人静下心的地方，从而吸引更多的年轻人和小孩子回到山里；也希望能够创造出一个丰富而安静的场所，让小孩子和老人都能在这座建筑里感受到自由和快乐。

把书屋的一部分空间留给村民，是我们设计初始阶段就有的想法，也是一种直觉性的感受，在书屋的首层做一个架空的半室外开放空间，用十根结构柱架空整个书屋首层，实体空间都设定在

二层，两个空间通过一部室外楼梯进行连接，只在首层局部设置了一个小水吧，可以提供水饮，其他的空间完全公共开放，山里的村民们可以在此喝茶聊天，小孩们也可以在这个空间玩耍打闹，用这个开放空间把各种活动的可能性都串联起来。

同时站在场地关系的角度思考，该书屋用地处于一个三角地带，南侧是该村落的主要步行干道，北侧有一堵3米高的石坎墙，石坎墙上面是一片儿童戏玩区，在设计策略上抬高书屋的实体空间部分，让建筑体首层与道路之间形成空间的退让，路上的行人也可以随时到书屋下休息。而书屋的二层则和儿童戏玩区在同一空间层面上，这样的处理，一方面便于儿童进入书屋看书或者在儿童区玩耍，另一方面，方便父母在书屋里阅读的同时能关注到孩子。无论是站在场地属性的角度还是站在对乡村生活理解的角度，在乡村设计建筑，我们都希望建筑与村民、与乡村环境都能保持一种最友好的状态。

材料运用上，山房的书架选择3厘米厚的松木板模数化布置，用统一的模数尺度语言控制，书架的竖档和屋顶的结构梁用材一一对应，形成整体的语言逻辑体系。在外立面上，采用乡村比较少见的阳光板，让整个房子变成了一种半透明的状态，室内的光线透过阳光板变得很温和，给书屋室内形成一种舒适的阅读环境，同时，半透明的材料可让室内的人对室外景观有一种若隐若现的朦胧美，实现一种半通透性的空间感受和氛围的目的。

乡村对于很多建筑师来说是一个陌生的领域，很多建筑师也逐渐参与到乡村中不断做尝试。我们也是一样，抱着探索和融合的心态，以建筑师的身份尝试介入乡村，很多时候，设计的灵感不仅只来自建筑师的直觉判断，而且需要根植于乡村本身，让在地性与创造性很好地结合。其实乡村没有标准，没有固定法则，没有唯一性，好坏只能让乡村自身来判断，我希望这会是一个好的开始。

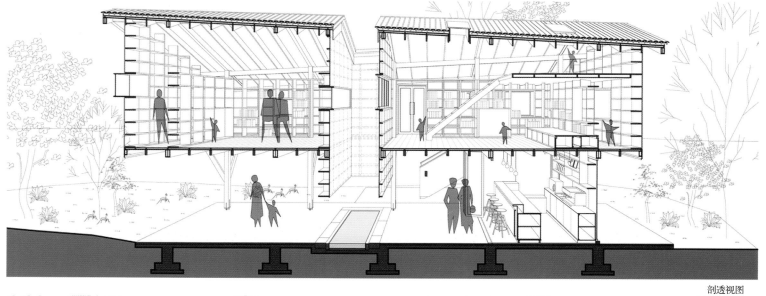

剖透视图

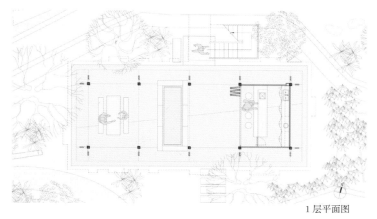

1 层平面图

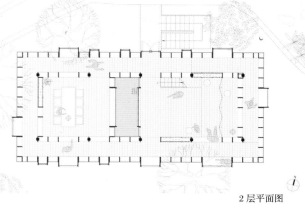

2 层平面图

建筑师团队
杨纯纯、赵雨婷
结构设计
中科院建筑设计研究院有限公司、冯李慧
设备设计
中科院建筑设计研究院有限公司
设计周期
2018年1月—2018年12月
建造周期
2018年7月—2019年4月
总建筑面积
200平方米
工程造价
130万元人民币
主要建造材料
砖混、木材、玻璃
摄影
戚山山

上海市，闵行区

空山九帖·上海浦江宿集书店

戚山山 / 主创建筑师　STUDIO QI 建筑事务所 / 设计公司

"浦江宿集"项目基地位于上海浦江镇丰收村，村落前段连接上海黄浦江边，背倚浦江郊野公园。场地自有一套村落肌理，精品民宿、创意餐厅、文创手作、美食教堂、社区剧院、户外活动空间，星罗棋布散落其间，形成了一个带有独特村落肌理的田园文创空间和民宿集群。其中，空山九帖作为"浦江·宿集"引进的特有书店品牌，是"一家隐藏在山村里的书店，有着东方美好的生活方式"的书店，为宿集营造出一处复合式的文化生活空间。

宿集整体设计以江南传统村落形式为原型，用现代的手法和江南水域原有的流曲线性重新转译为"浦江·宿集"特有的建筑形式。建筑设计和运用三根异型钢梁，使屋顶成为曲面瓦檐，与建筑前流淌的村间小河自然弯曲线性呼应。结合拥有充足阳光的玻璃幕墙，使得整体建筑语言具有轻盈和柔软的一面。

空山九帖的功能序列延续曲面的空间形体，自然流动在建筑内部。建筑主体为通高空间，用于开放式的阅读、浏览和社交。建筑主张不做生硬的功能间隔，而是通过墙面的自然抬起，即双曲线墙体转动，好比一道被撩起的幕布，顺势把人带入不同的场所氛围和状态。在这里，读者被引入一个由横向延展书架围绕的"藏书密室"，与外侧明亮的通高空间形成一种交织且反差的咬合关系。位于建筑左侧的白色楼梯，把空山九帖的客人带向阁楼。其上设有一张白色长桌，供阅读或会议使用。所有的辅助功能被"隐"于建筑西侧的窄线形空间，使得被暴露的整体空间形式完整，动线流畅。

充满阳光的空山九帖，是一个没有人可以拒绝的适合看书、聊天的绝佳场所。

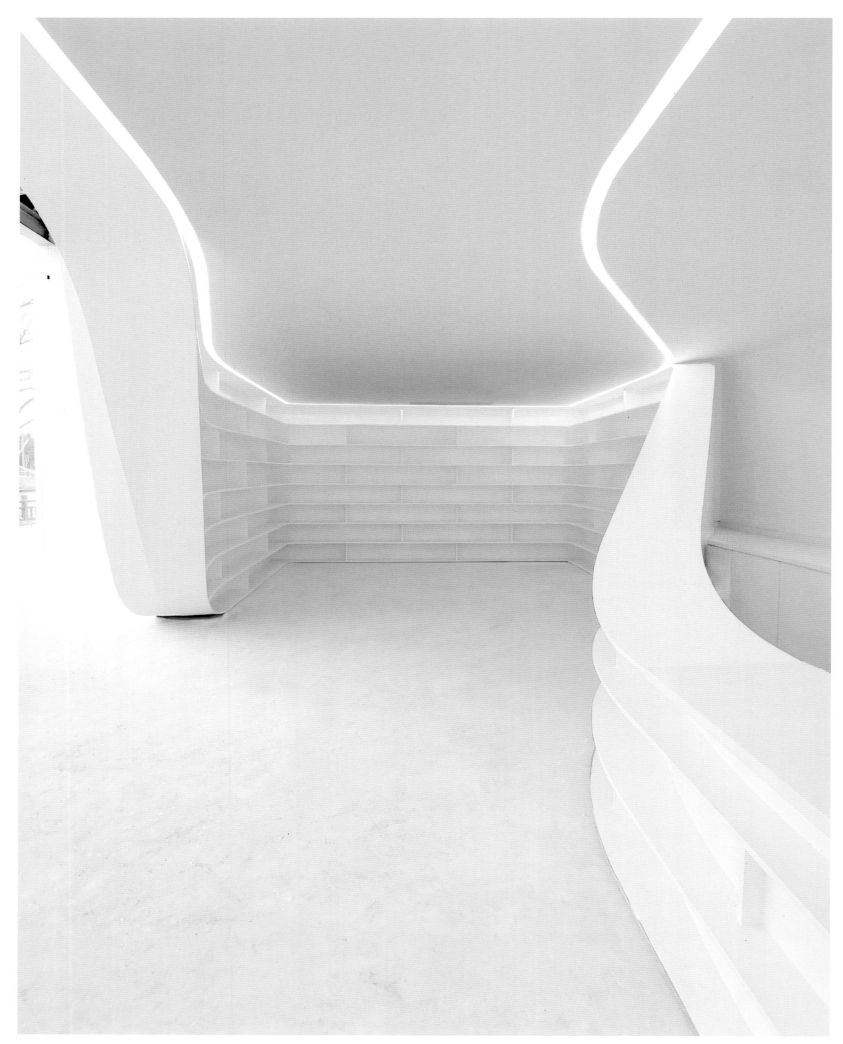

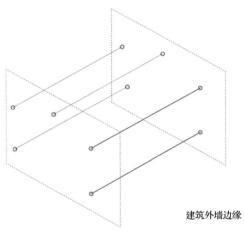

建筑外墙边缘

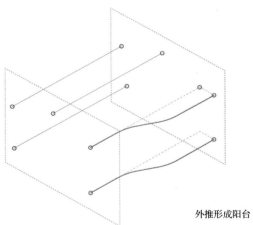

外推形成阳台

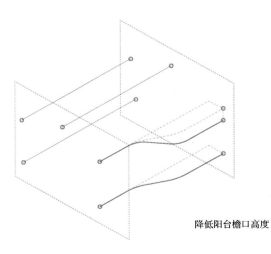

降低阳台檐口高度

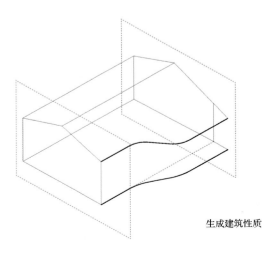

生成建筑性质

建筑形式生成

广东省，深圳市

哈尔滨工业大学深圳校区扩建工程

梅洪元／主创建筑师　哈尔滨工业大学建筑设计研究院／设计公司

建筑师团队

艾英爽、陈禹、王飞、张岩、
李弘玉、张晓航、孙锐、谢阿琳、
王舜尧、张帅、李振兴、王彦博、
胡建丽、季世军、林绍康、王雪松

结构设计

远芳、许晓冬、贾君、刘景云、
魏连东、崔志刚、李国强、张春富、
赵常彬、王善章

设备设计

常忠海、吴玮、任宝立、迟丽影、
叶晓东、李鸿斌、薛贵玉、孙斌、
王春燕、张伟星、王海新、王曾璞

设计周期

2015年8月—2016年12月

建造周期

2016年1月—2018年4月

总建筑面积

298，473.29平方米

工程造价

17.62亿元人民币

主要建造材料

混凝土、金属、砖石、玻璃

获奖情况

第十一届广东省土木工程詹天佑故乡杯奖；
2019年度黑龙江省优秀工程设计一等奖；
建筑信息模型应用大赛优秀奖；
龙图杯全国BIM大赛二等奖；
中国建设工程BIM大赛三等奖；
深圳市安全生产文明施工优良工地；
深圳市优质结构工程奖；
深圳市绿色施工示范工程；
广东省安全生产文明施工示范工地；
广东省建设工程优质结构奖；
广东省建筑业绿色施工示范工地；
深圳市装配式建筑示范工程；
"创新杯"装饰装修类第二名；
"创新杯"土建类第三名；
中建协认证荣誉白金级

摄影

韦树祥

哈尔滨工业大学深圳校区扩建工程位于广东省深圳市南山区西丽大学城哈尔滨工业大学研究生院东南侧，总用地面积：9.3 万平方米，总建筑面积：约 29.8 万平方米。其中，地上总建筑面积：25.9 万平方米，地下总建筑面积：3.9 万平方米，建筑覆盖率：30.89 %，容积率：2.78，绿化覆盖率：30.39 %。共包含 11 个单体建筑。

校区内规划结构以教学办公区、科研实训区、教学创新区、学生生活区四大功能片区构成，建筑功能主要涵盖教学、科研、实验实训、师生活动、学生生活服务等。

新校区规划设计秉持哈工大百年历史的深厚建筑底蕴，融入工科学府"规格严格"的严谨空间

逻辑，结合南方灵动通透的建筑形式，形成统一而又错落的规划布局。规划延续大学城现有肌理，采用开放性院落布局，塑造整体空间和谐感。

建筑布局中充分考虑深圳的气候条件，结合深圳夏季东南主导风向，设置校园中轴线，并将中心轴线延伸至青山之中，形成贯通风廊道，将生态绿脉引入整个校园。

建筑整体风格简洁现代，以"白墙""格栅"为设计主要素，整体材料以白色涂料为主，辅以玻璃及金属构件，充分体现建筑轻盈感与科技感。

设计难点及解决方式：

1.规划采用周边式布局，延续大学城现有肌

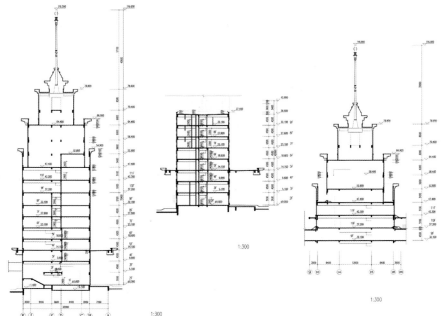

教学办公楼剖面图

教学办公楼平面图

理，塑造整体空间和谐感。整体设计传承哈工大严整恢宏气势，结合南方灵动通透的建筑形式，形成统一而又错落的规划布局。东南侧临主入口设置教学区、科研实训区、教学办公区，北侧设置科研区及核心区综合楼，西侧设置生活区。

2. 新建校园结合留仙大道大学城出入口，与二期统筹进行设计，共同塑造大学城形象，提升大学城校园整体标志性。

3. 考虑大学城核心区的权重，将北侧信息楼高度降低，减少对核心区的压迫感。东西向建筑体量打开，贯通东西两侧绿肺，形成空间渗透。

4. 南侧科研创新楼与街道退让出广场空间，消解南侧现状 140 米高层住宅对基地的压迫，亦提升校园空间品质。

5. 西侧设置生活区，与现有研究生院生活区共同形成组团，并打通两区道路，使之成为有机整体。同时，结合场地高差及现有水污染实验室及风洞实验室进行整体协同设计，将 10 米的高差转译为生活附属功能与停车空间，减弱空间的峡谷感，并形成上层学生生活广场。

6. 全场地人车分流，规划中将高峰车流控制在师生人流流线以外的区域，充分保证人员安全及慢行舒适性，根据校园内功能性人流流动特征，规划多条的漫步路、单车道和驻留节点，同时加设多处空中连廊和平台，与地面步道连接，呈现立体的人行交通系统。

:::::: 教学创新区　:::::: 科研实训区　:::::: 教学办公活动区
:::::: 生活区　　　:::::: 校园绿地　　:::::: 二期建设

:::::: 室外广场　⊙ 景观节点　◎ 室外展场　——— 空间路径

建筑师团队

汪奋强、邓芳、谢东彪

结构设计

孙文波、陈汉翔、周伟坚

设备设计

韦桂湘、冯文生、舒力帆、高飞、
陈祖铭、胡文斌、耿望阳、范细妹、
邹文霞、曹小梅

设计周期

2011年8月—2012年8月

建造周期

2012年8月—2019年5月

总建筑面积

30,214平方米

工程造价

1.7948亿元人民币

主要建造材料

钢筋混凝土结构、陶棍幕墙、玻璃幕墙、
水泥纤维板幕墙

摄影

张广源

山西省，晋中市

山西交通职业技术学院新校区图文信息中心及科研办公楼

孙一民／主创建筑师　华南理工大学建筑设计研究院有限公司／设计公司

山西交通职业技术学院新校区位于山西省晋中市，新校区规划用地位于山西省晋中市山西省高校新校区西南部，规划总用地面积约33.39公顷，规划校园建筑总面积约27.5万平方米。

图文信息中心及科研办公楼位于校区的景观中轴线上，是山西交通职业技术学院新校区师生学习和交往的核心，同时也是校区的标志性建筑。建筑采用了水平伸展的布局形式，在西侧呈指状与中轴线的景观空间相互融合。主入口通过地景式的大台阶将人流引入二层的主门厅，巧妙地进行了不同人群流线的区分。

图文信息中心及科研办公楼建筑总面积30,214平方米（地上：25,173平方米，地下：5041平方米）。建筑高度23.95米（地上4层，局部5层，地下1层），主体地面以上分南北两座。主要由书库、藏阅一体阅览空间、500人学术报告厅、电子阅览空间、办公用房及地下车库、设备用房等部分组成。

功能分区明确，总体布局合理，使用效率高，人流、书流分开，各区联系方便，互不干扰，既方便读者又便于管理。人流量大的库室，宜布置在低层，以节省人力和运行费用。

建筑设计理念秉承开放式、多功能、人文化。突出文化品位，注重智能设计，节约资源，健康环保。建筑造型简洁、明快，有时代感。

为了便于实行藏、借、阅、咨一体化的开架式管理，除办公区之外的主要藏借阅空间采用通敞式大开间布局，以建造多元化的阅读空间。体现读者第一，服务育人的宗旨。

符合可持续发展的原则。阅览中心的设计紧密结合图书馆的性质、特点及发展趋势，为运行先进的管理方式和现代化的服务手段提供灵活性强、适应性高的空间。主要阅览空间采用藏阅合一的开放式大空间，具有较大的灵活性和适应性以满足功能调整变化的需要，北座的科研办公楼可以根据不同时期的需要，转变使用功能，作为未来图书馆的补充用房，对目前不可预测的因素，具有较强的应变能力，适合今后的发展需要。

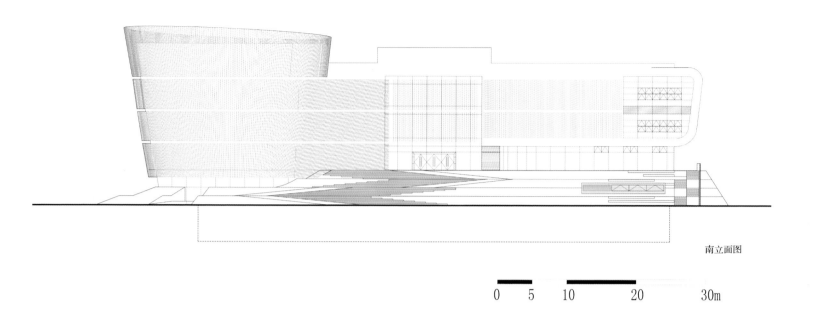

南立面图

0　5　10　　20　　　30m

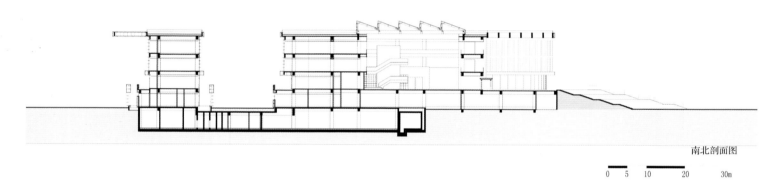

南北剖面图

0 5 10　20　　30m

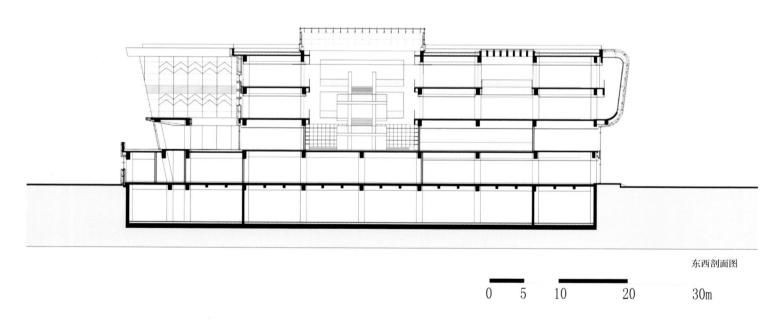

东西剖面图

0　5　10　　20　　　30m

　　屋面天窗外形为折板型，主体结构为钢结构，支撑在下部混凝土结构，平面尺寸为 16.8 米 x22 米，上部覆盖玻璃。主体钢结构采用平面桁架的结构形式，根据建筑造型平面桁架高度为 2.1 米，桁架间距为 5.5 米。为了减少温度作用的影响，桁架一端采用固定铰支座，另一端采用滑动铰支座。

檩条采用 H 形钢，间距 1.05 米，设置在两桁架之间，分别连接桁架的上下弦。为了提高桁架平面外的稳定性，在桁架下弦平面外设置 3 根张拉索，桁架下弦与张拉索通过连接节点紧密连接。结构简洁，造型轻盈，结合可开启的电动天窗，创造浮力通风的条件。

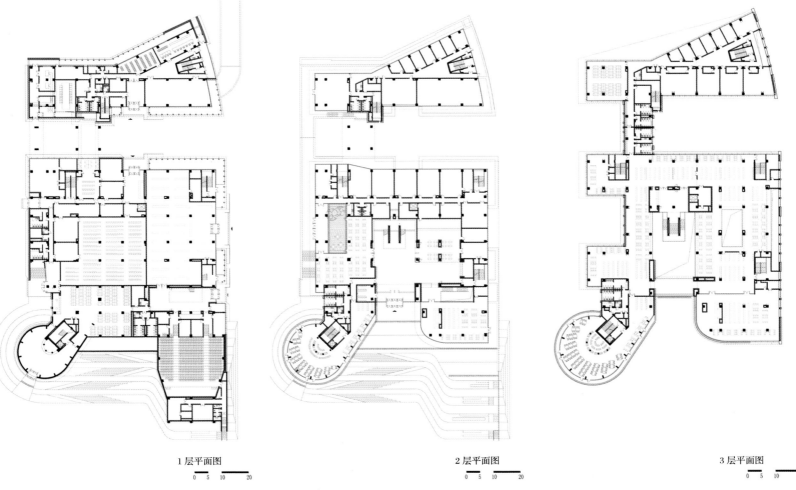

1 层平面图

0 5 10 20

2 层平面图

0 5 10 20

3 层平面图

0 5 10 20

建筑师团队

汪奋强、叶伟康、谢东彪

结构设计

孙文波、江俊毅、周伟星、周伟坚

设备设计

韦桂湘、吕子明、高飞、陆晓红、

冯文生、陈祖铭、舒力帆、耿望阳、

范细妹、邹文霞、曹小梅

设计周期

2011年8月—2012年8月

建造周期

2012年8月—2019年5月

总建筑面积

12,577.8平方米

工程造价

1.1255亿元人民币

主要建造材料

GRC条纹板幕墙系统、外墙涂料、

玻璃幕墙系统、铝镁锰直立锁边屋面系统、

多层中空聚碳酸酯板天窗系统

摄影

张广源

山西省，晋中市

山西交通职业技术学院新校区体育馆

孙一民／主创建筑师　华南理工大学建筑设计研究院有限公司／设计公司

山西交通职业技术学院位于山西省晋中市，新校区规划用地位于山西省晋中市山西省高校新校区西南部，规划总用地面积约 33.39 公顷，实际占地面积 32.27 公顷，规划校园建筑总面积约为 27.5 万平方米。山西交通职业技术学院新校区内，周边地势开阔，自然环境优美，交通便利。体育馆建设用地位于新校区北部，是未来北校门的重要标志性空间所在，地位重要。

根据使用功能特点，将主要的大空间体育运动场馆布置于体育馆西部，各种活动室、课室等布置于体育馆东部，两部分功能用房围绕一条贯通南北的采光通廊、门厅组织到一起。

西部：首层为游泳馆及其配套用房，设计了 50 米 X10 米泳道的标准游泳池，水深 2.0 米，池岸标高为 -2.000 米；除了满足一般的健身需要外，可举办非正式的游泳比赛，丰富了在校教职员工、

学生的文体生活。二层为篮球馆及其配套用房，设置了 3 块篮球场地，上部屋面设置采光天窗，满足日常要求，降低能耗；三层为局部夹层，围绕二层篮球馆布置了活动平台和观看廊，与篮球馆为一体空间，可通过活动平台处的活动隔断、活动看台等设施，实现两部分空间的共用和分用，提供了使用的灵活性。

东部：首层为器乐排练室、音乐排练室、舞蹈排练室等；二层为课室及乒乓球活动室等。

场馆建筑造型设计从地域文化内涵、日常运营、节能降耗等方面，综合考虑体育馆的形象塑造，以满足标志性、地域性及效益最优的原则。

本方案造型稳重、独特，突破以往学校体育馆造型呆板的窠臼，体育馆体量被分成了两个紧密联系的体块，通过形体高低组合及外墙色彩的对比，

使得外部造型紧密呼应内部各主要的使用空间，形成流畅、自然的轮廓，有机而充满现代感，体现了大气、洗练的造型风格。

体育馆的综合篮球大空间的屋顶设计了与造型相呼应的采光通风带，不仅丰富了建筑细部，同时也将柔和的自然光线引入场馆内，满足了场馆日常运营的通风采光需求，降低了运营能耗。

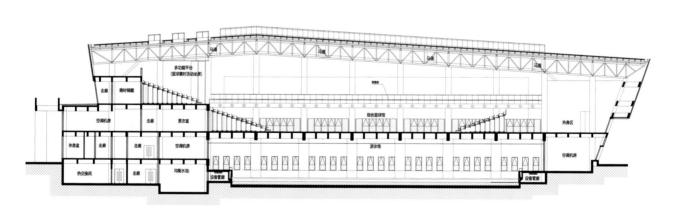

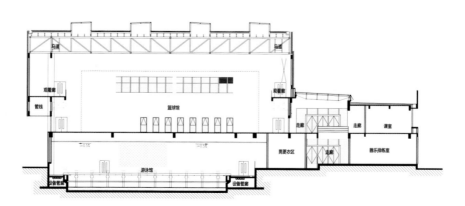

建筑剖面图

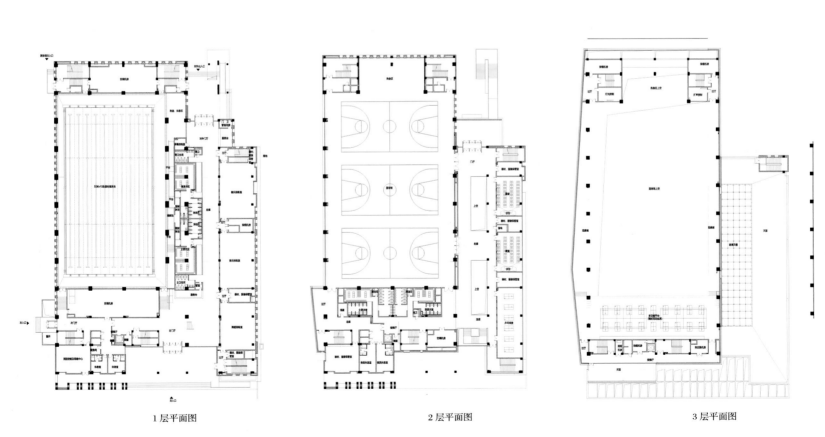

1 层平面图   2 层平面图   3 层平面图

建筑师团队

黄捷、黄皓山、潘玉婷、刘佳

结构设计

黄泰赟、符景明、边建烽、杜元增、
庄信、何铭基

设备设计

叶军、胡雪利、张慎、冯石琛、田小婷

设计周期

2014年4月—2015年2月

建造周期

2015年—2018年6月

总建筑面积

25,293平方米

工程造价

1.5751亿元人民币

主要建造材料

清水混凝土

获奖情况

广州市工程勘察设计奖一等奖

摄影

李开建、陈逸飞

广东省，珠海市

中山大学珠海校区体育馆

黄捷、黄皓山／主创建筑师　北京市建筑设计研究院有限公司广州分公司／设计公司

中山大学珠海校区体育馆位于珠海市唐家湾地区，总建筑面积 25，293 平方米，主体共三层，主要的功能包括了主体育场馆、多功能厅、若干体育教室、文艺教室以及辅助功能用房等。是一个集大型集会、球类运动比赛、演出、多功能会议和学生活动中心功能于一身的多功能体育馆，作为延伸和发展校园文化的载体。

1. 结合场地高差布置建筑，有效消解体量与校园环境更为融合。

建筑首层利用了原有地形中 2 米深的水塘做了下沉式处理，有效控制建筑的高度，消解体育馆建筑在校园中过于突出的体量感，对校园环境更为友好。建筑高度分为两个梯度界面，第一天际线高于校园道路 14 米，第二天际线 18 米。

2. 强调使用灰空间的设计，体现岭南建筑的气候特征。

利用适合南方气候的架空层围绕主体比赛场馆的设计，尽可能地压缩室内空间，将一些交通和辅助性的空间放在灰空间部分，实现了更为开放多元的校园活动场所，使得建筑适当地处于"失控"的状态，让师生们成为定义空间使用状态的主体，而不完全是建筑师本身，自定义空间包括可以坐的楼梯平台，足够宽的灰空间，无定义的空间等。

3. 强调多种功能活动的融合，成为校园文体活动的中心。

设计过程中尽量避免过分强调体育馆的专业性质，而在多功能融合方面进行了尝试，通过增加了多种活动教室，可转变为舞台的多功能厅、文化活动室等内容，使得建筑从单一功能的体育馆变为更具有活力的学生活动中心，这是体育建筑如何更好地融入校园这样一个特殊的社区中的一种尝试。将多功能厅与主比赛场的并置则产生了功能融合的可能性，平时作为体育运动使用的比赛

场地在大型集会时可以转换为观众座席。

4. 强调不同尺度空间的设计，创造良好的光影效果。

体育馆的主体是比赛场地，受平面尺寸和高度要求的限制，体育馆的建筑体量都会比较庞大，这种建筑类型的设计很容易就会把着力点放在了如何修饰建筑体量本身，而忽略了空间设计的可能性。得益于珠海校区体育馆的综合性功能设置，我们得以将一些体育教室等日常性使用的小空间围绕主比赛场布置，形成相对丰富、尺度与人体接近的建筑立面，从而跳出了原有体育建筑形式的束缚而形成以表达空间活动本身建筑立面。

5. 使用清水混凝土作为建筑的主要材料，使建筑与结构高度统一。

建筑使用了清水混凝土这种具有体积感同时又是背景的材料，空间通过简洁而具有力量感的

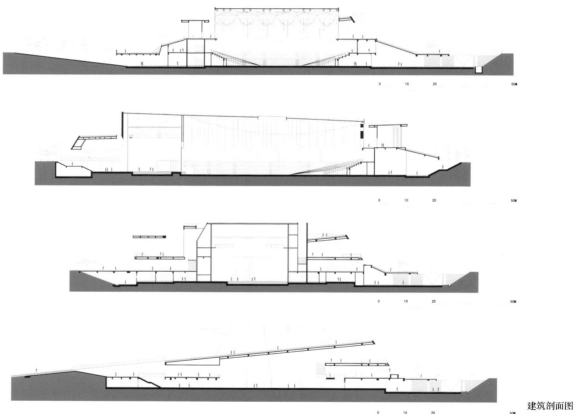

建筑剖面图

墙体围合形成，而四周开放的首层空间从室内看去，在平整的屋面下形成与传统深挑檐一致的景观，深邃的半室内空间外侧包裹着明亮的绿化景观，带来强烈的宁静感。

6. 地景建筑，将绿化作为建筑立面的重要元素，与清水混凝土形成互补。

建筑通过从地面至三层屋面的绿化坡屋面延续了原有的校园景观轴线，也将绿化作为建筑立面的一部分进行设计。绿化的柔和界面消解了清水混凝土相对硬朗的形象，使建筑成为环境的一个延续。

场地的原状存在一个大约占了40%用地面积的洼地，高差大约在2米左右。结合这个洼地来进行设计成为一个比较合理的策略。而高差的存在也使得建筑可以与其他地方的建筑不一样。如果需要填掉这个洼地，需要较大的土方，我们希望尽可能地实现场内的土方平衡，因此把整个建筑往下压了一层。

建筑材料使用了清水混凝土作为主要材料，材料既是结构也是建筑表面，两种高度统一。在设计过程中，建筑专业与结构专业紧密配合，结构构件的设计所呈现出来的结果即是建筑师所希望完成的效果。这也带来了极大的设计难度，在设计阶段需要完成所有的设备管线预留，末端预留等才能保证后期施工一次成型。

施工过程中，设计院与施工单位紧密配合，对模板的敷设进行了控制，对清水混凝土的施工工艺提出了设计院的建议，并在工程开展前期通过实验段确定了清水混凝土的验收标准，为整个工程的开展打下了良好的基础。

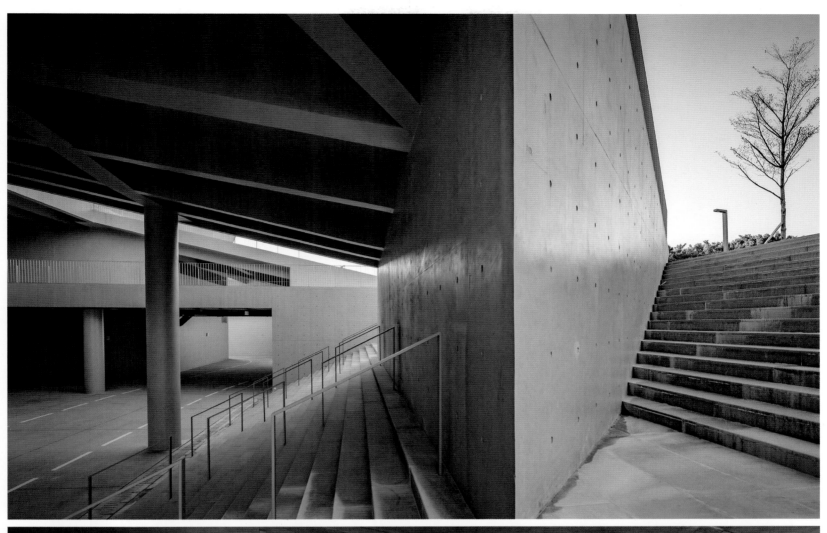

建筑师团队
汪奋强、章艺昕、陆仪韦、潘望、
黄祖坚、林海亮、李海全、杨定
结构设计
孙文波、王剑文、舒宣武、周伟坚
设备设计
电气：高飞、冯文生
给排水：王琪海、李广松、张梦丹
空调：王钊、彭蓉、王明超、程国珍
智能化：耿望阳、范细妹、岑雪婷
设计周期
2014年9月—2016年5月
建造周期
2016年5月—2018年9月
总建筑面积
37,187.86平方米
工程造价
3.1869亿元人民币
主要建造材料
钢、钢筋混凝土、金属屋面
获奖情况
国际AH采光卓越奖（设计奖）
第六届"龙图杯"全国BIM大赛综合组一
等奖
全国建筑业绿色建造暨绿色施工示范工程
湖北省建筑优质工程（楚天杯）
湖北省建筑结构优质工程
湖北省建筑业新技术应用示范工程
湖北省BIM设计大赛二等奖
摄影
杨超英、卓泓铎、何小白

湖北省，武汉市

武汉大学卓尔体育馆

孙一民／主创建筑师　华南理工大学建筑设计研究院有限公司／设计公司

项目位于武汉大学校园内，占地面积18,157平方米，总建筑面积37,187.86平方米。武汉大学校园历史悠久，中西合璧的历史建筑随处可见，正是由于校园风貌的独特性，为体育馆的设计提出了挑战。

怀着对历史的尊重和向往，我们跳脱了将体育馆作为"标志物"的惯性思维，在设计上不过分突显其地标性，而是依托于校园特有历史风貌，让体育馆以更加谦和的态度与环境对话，作为校园肌理和文脉的延伸，以创造面向校园更多元的公共空间。

在规划上，对外部环境进行整合。由于基地周边条件复杂，有高架桥、教师宿舍、学院楼、学校车队、变电所、荒山等，是校园内较无秩序的消极空间，通过紧凑而富有围合感的布局，使得公共空间具有凝聚性，并成为空间组织的核心。

在建筑造型上，我们反复斟酌，确定以简洁、内敛的性格为定位，汲取了武汉大学特有的文化特征，采用叠落的坡屋面形式，既与周围历史建筑相映成趣，又在一定程度上削弱了建筑体量，将这个"庞然大物"更好地"潜伏"于环境之中。为了实现"新、旧"融合，我们比选了多种材料，通过对色调、材质、质感上的精挑细选，最终以现代建筑材料铝镁锰金属板为基础并加设竖向装饰檩条，使得大面积的屋面在以琉璃瓦屋面为主的传统校园环境中并不突兀，和谐共处。

在功能设置上，考虑到高校体育馆使用需求的复杂性和不确定性，兼顾赛时赛后需求，确立了40米×70米的内场尺寸，配合设置2426个活动座椅，此布局几乎可满足所有室内体育比赛项目的场地布置要求，并且可以灵活转换为各类运动训练场地，满足毕业典礼、文艺演出、展览的需求，实现灵活性和适应性的最大化。

在结构选型上，我们寻求技术先进性和适宜性的平衡。体育馆屋盖采用大跨X型网格立体共梁张弦结构，从而实现大跨度钢结构的轻量化，工程用钢量约80千克／平方米，比常规的结构形式减少25%。轻盈、简洁的结构与内敛的建筑气质相呼应，展现结构美感，取得了较好的经济效益和社会效益。

在节能策略上，我们坚持可持续的设计原则，重视自然采光通风，设置天窗采光带及高侧窗采光带，采用智能天窗系统，可与环境实时联动，依靠自然采光，主馆和副馆比赛大厅采光分布均匀，满足室内活动需求。由于突出的室内舒适性，该馆于2018年11月获得国际主动式建筑联盟颁发的"采光卓越奖"。

项目在2018年9月竣工并投入使用，受媒体广泛报道，受到学校师生同行媒体和业主的肯定。实际运营效果良好，举办了开学典礼、启用仪式表演等活动，并被选为2019年第七届世界军人运动会羽毛球比赛场地，为学校和社区创造长久福利。

基地位置

建筑与校园关系

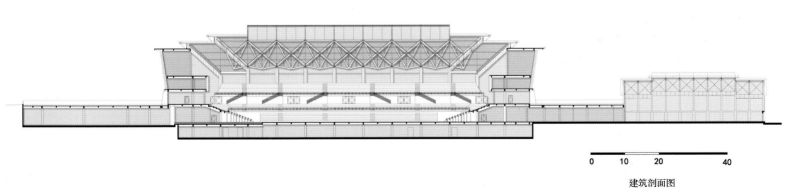

建筑剖面图

0 10 20 40

建筑师团队

柴敬、周炎鑫、庄允峰、谢悦、
沈一凡、黄斌、王岳锋、陶韬、
汤焱、祝融、胡晓明、贾秀颖

结构设计

杨旭晨、孙会郎、吴建乐、王铭

设备设计

潘军、何佩峰、张庚、杨迎春、竺新波

设计周期

2010年7月—2015年11月

建造周期

2015年11月—2018年12月

总建筑面积

395,888.56平方米

工程造价

23.93亿元人民币

主要建造材料

砖、钢筋混凝土、玻璃

摄影

陈畅、黄临海

浙江省，杭州市

杭州师范大学仓前校区
(B区)

程泰宁、王大鹏／主创建筑师　杭州中联筑境建筑设计有限公司／设计公司

项目主要建设内容为经济学部的国际服务工程学院、理工学部的信息科学与工程学院、遥感与地球科学研究学院、材料与化学学院、新能源学院以及图书馆分馆、公共教学楼、理学院、公共实验楼、工科实验楼、有机硅化学及材料技术实验楼、学生活动中心、学生公寓、食堂及后勤用房、教师公寓、专家公寓、附属设施等。

整体设计遵循"湿地书院"与"和而不同"的理念，构思充分汲取湿地肌理、传统书院的精华，其因地制宜、情景交融的规划布局，疏密有致的院落簇群与融传统与现代于一体的建筑单体，泛中心感的形态和适度复合的功能，创造了具有杭师大文化传承的开放式、生态化、园林式校园空间。建筑造型的构思主要来源于对中国传统文字构架和余杭历史建筑的认知，梁柱体系、坡屋顶、窗扇花格等原型要素的转换重现，形式在"似与不似之间"，既体现了灵动、雅致的杭州地域特点，又具大气简约的时代性。

建筑师团队
王大鹏、柴敬、蓝楚雄、黄斌、
王岳峰、汪毅、裘梦颖、杨少建、
冯单单（杭州团队）
周旭宏、范晶晶、朱钧、郭玉琦、
杨磊明、邱杰、姚慧娟、吕骏杰、
王红丽、詹一山、梁文波、肖俊龙、
宣兴刚（上海团队）
结构设计
孙会郎、金卫明、冯自强、刘传梅、
陆俊、朱伟、刘红梅、宫达、
阮楚烘、王铭、李循锐、魏结强、
方炜韬（杭州团队）
张晓亮、倪兴惠、庞金龙、马慧敏、
朱丹、何鑫、骆涛、朱洪祥（上海团队）
设备设计
杜成锴、何佩峰、尹畅昱、王瑞兵、
姚竹弦、纪殿格、章海波、苏澂娜、
徐晓雪、李鹏展、唐霖、徐冰源、
张艳、王自立
设计周期
2016年4月—2017年2月
建造周期
2017年2月—2019年4月
总建筑面积
468,822平方米
工程造价
18亿元人民币
主要建造材料
钢筋混凝土、玻璃、石材、陶板、
铝板、一体板
摄影
黄临海

陕西省，西安市

西安交通大学科技创新港科创基地A标段

周旭宏、王大鹏／主创建筑师　杭州中联筑境建筑设计有限公司／设计公司

中国西部科技创新港——智慧学镇是教育部和陕西省人民政府共同建设的国家级项目，是陕西省和西安交通大学落实“一带一路”、创新驱动及西部大开发三大国家战略的重要平台，由西安交通大学与西咸新区联合建设，定位为国家使命担当、全球科教高地、服务陕西引擎、创新驱动平台、智慧学镇示范。创新港将现代田园城市理念与国际前沿“学镇”理念相结合，建设“校区、镇区、园区、社区”四位一体的创新体、技术与服务的结合体、科技与产业的融合体，成为我国高等教育改革的交大样板，中国特色城镇化的西咸样本。

项目地点位于陕西省西咸新区沣西新城范围内的渭河南岸，新西宝高速线以北与新河三角洲交汇区域。距离西安市中心城区约25千米，距咸阳市中心约10千米。

创新港总面积约5000亩，分为科研、教育、转孵化和综合服务四大板块，选址地交通便利、空间开阔、生态良好、产业环境基本成形，能满足创新港未来人才培养、科学研究、成果转化、产业链培育等发展需要。其中科研、教育板块用地面积约2100亩，首期总建筑面积约159万方，分成A、B、C、D四个标段，由杭州中联筑境建筑设计有限公司牵头，会同其他三家国内著名设计公司共同完成规划建筑设计。

规划采用“规矩网络、一带环绕、两轴贯穿”的规划结构，有序组织各种广场空间、街巷空间和院落空间。为实现人车分流，在中轴空间下方设置核心地下室，串联各个地块，形成高效的地下交通系统，使更多的地面空间得以解放，真正形成以慢性系统为主的校园空间。

建筑设计从交大老校区及西安传统建筑中提炼出院落、坡屋顶、柱廊、圆拱、老虎窗等元素，加以抽象变形，在新校区的建筑上进行运用。同时，老交大的建筑多用红砖，故为了传承百年交大的建筑文脉，新校区的建筑以红色作为最主要的色彩，同时辅以土黄色和赭石色，打造古朴、典雅大气的校园建筑。

建筑师团队

高旸、周业伦、Natalie Bennett、
Andra Ciocoiu、Irene Solà、郝洪漪、崔
雨柔、Tracey Loontjens、
Aniruddha Mukherjee、
Libny Pacheco、Sidonie Kade、谈可斌、
方若、于杨、Silvia Campi、王旭东

设计周期

2015年6月—2016年7月

建造周期

2017年1月—2017年12月

总建筑面积

26,622 平方米

主要建造材料

钢筋混凝土、钢结构、局部砌体

获奖情况

2019年度德国设计奖
(2019 German Design Award) – "优秀交
流设计–建筑类"，特别提名；

2018年度建筑大师奖
(2018 Architecture MasterPrize™) – "建筑
设计–教育建筑"，荣誉提名；

2018年度世界建筑新闻奖
(2018 WAN awards) – 入围最终决选；

2018年度ARCHITIZER A+奖
(2018 ARCHITIZER A+Awards) – "建筑与
颜色"分项，专业评委奖；

2018年度意大利《The Plan》杂志Plan奖
(The PLAN Award) – "改造"分项奖。

摄影

杨超英、王子凌、董灏

北京市，朝阳区

北大附中朝阳未来学校

Binke Lenhardt（蓝冰可）、董灏 / 主创建筑师　Crossboundaries / 设计公司

项目的场地是一座已存续 30 余年、使用者数度更迭的既有校址，占地 26,000 平方米，其中的教学空间传统得不能再传统：整齐划一、紧凑集中且功能单一。我们受校方委托，必须突破学校类建筑的许多常规，以全新的设计思路，使这座老校园改头换面，承载起新的使用者颇具颠覆性的教育实践——以随时随地的互动学习，取代以教师和黑板为中心的权威化教学；以促进自主学习的走班和选课制度，替代以班为单位的固定课程设置。

原有校园内密集的空间布局有机的融于周边紧凑的城市环境中，但改造前的建筑内，传统的房间加走廊的排布，使得教学楼与校园都丧失了识别性与灵活性，为本次改造带来巨大挑战。只有从布局的限制中解脱出来，增加空间的灵活性，才能实现建筑的自由呼吸，满足课程与活动的空间需求。打破墙体与地板的做法，不仅仅是为了实现横

向竖向空间连续，更重要的是从教学的角度出发，通过"桥"与"岛"的空间植入为教与学以及各学科间的互动激发灵感与创新。

颜色——未来学校最具识别性的设计元素，灵感源自曾经爬满校园各个角落的藤蔓植物，结合保留的方形窗洞，并配合纯净的白墙形成丰富的立面韵律。色彩的生命力能够以另一种方式延续并为新校园带来活力；颜色在教学楼间由绿到黄再向红自然渐变，这种由外到内的变化除了提升校园的导向性之外，也让校园内每个建筑独具特性；不同颜色的窗框对应室内丰富的空间功能，设计语言的统一也让色彩超越了表现形式本身，成就了未来学校在整个街道独一无二的视觉形象。

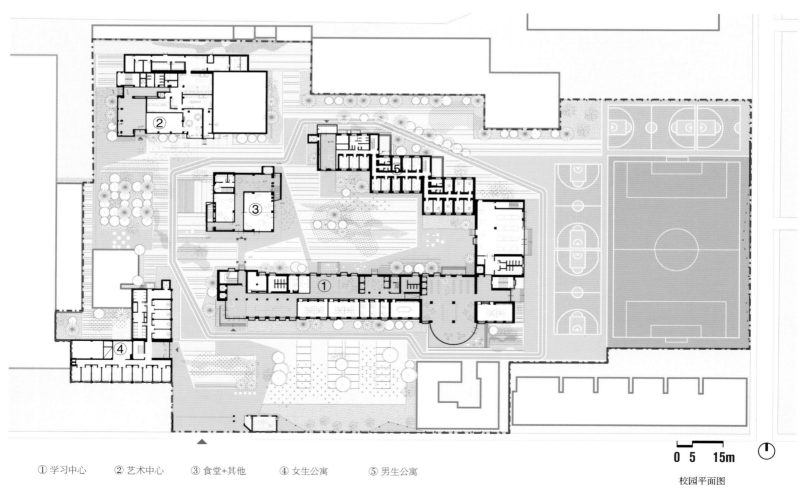

① 学习中心　　　② 艺术中心　　　③ 食堂+其他　　　④ 女生公寓　　　⑤ 男生公寓

0　5　　15m

校园平面图

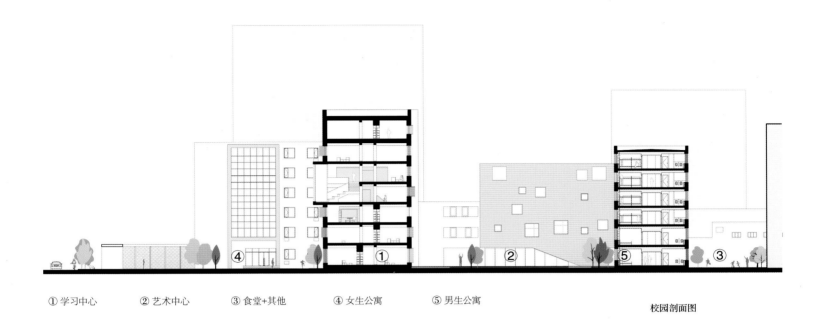

① 学习中心　　　② 艺术中心　　　③ 食堂+其他　　　④ 女生公寓　　　⑤ 男生公寓

校园剖面图

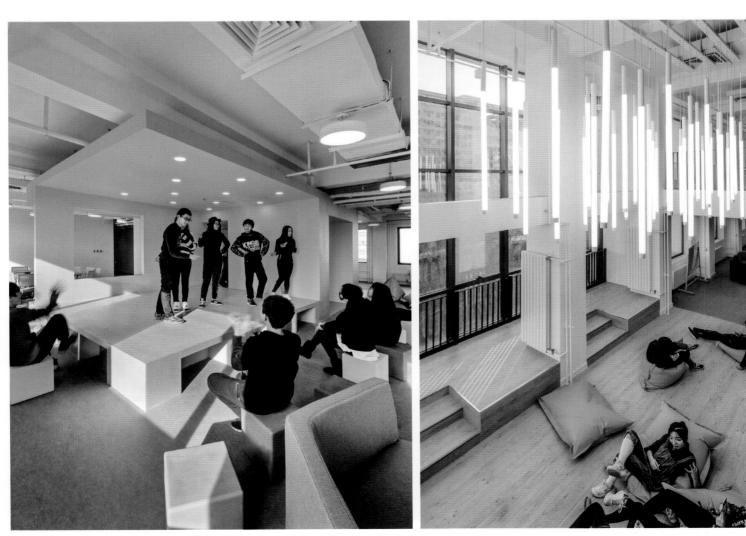

湖南省，岳阳市

岳阳县第三中学风雨操场
兼报告厅

宋晔皓、陈晓娟／主创建筑师　清华大学建筑学院、SUP素朴建筑工作室／设计公司

建筑师团队

孙菁芬、解丹、白苏日吐、褚英男、韩冬辰

结构设计

陈楠

设备设计

费洪凤、谭新

设计周期

2015年11月—2017年1月

建造周期

2017年3月—2018年1月

总建筑面积

1368平方米

工程造价

398万元人民币

主要建造材料

钢、钢筋混凝土、砖、水泥纤维板

获奖情况

2019 ICONIC Awards建筑设计奖—学校类
优胜奖

2019 A + Awards建筑设计奖—社区类
入围奖

2019中国威海国际建筑设计大奖赛—优秀奖

2019 WAF世界建筑节—体育类、建筑色彩
类入围奖

摄影

夏至

项目位于湖南省岳阳县的一所乡村中学内，由校友捐赠完成，一方面为学生们提供更好的体育活动空间，另一方面也希望借此建筑及周边环境的设计，为目前规整严肃的校园增添一些青春活力。

新建的建筑横跨主校区和室外操场之间的4米高差陡坎，结合周边场地一体化设计，通过曲线的红砖墙、景观台阶和看台，为学生们提供方便且有趣味的活动场地。

建筑形体充分利用自然通风与采光原则，最大限度的利用通风应对岳阳四季潮湿的气候，在不采用机械设备的情况下为学生提供舒适的室内活动环境，因而形成了局部拔高的独特形体。

建筑主体采用预制钢结构，局部采用现浇的混凝土及传统红砖砌筑工艺，带有手工工艺特征的红砖砌筑与工业化产品结合设计，将手工艺带来的自由和艺术感融入工业化建筑中，例如，利用传统花式砌砖方式，形成红砖墙面的采光通风洞，以及将十二星座图融入砖墙凹凸设计。主体建筑的色彩图案设计，则来源于岳阳地形的山水平原分布图的抽象，作为学校建筑，为孩子们提供更加丰富且有趣的内容，增加互动。

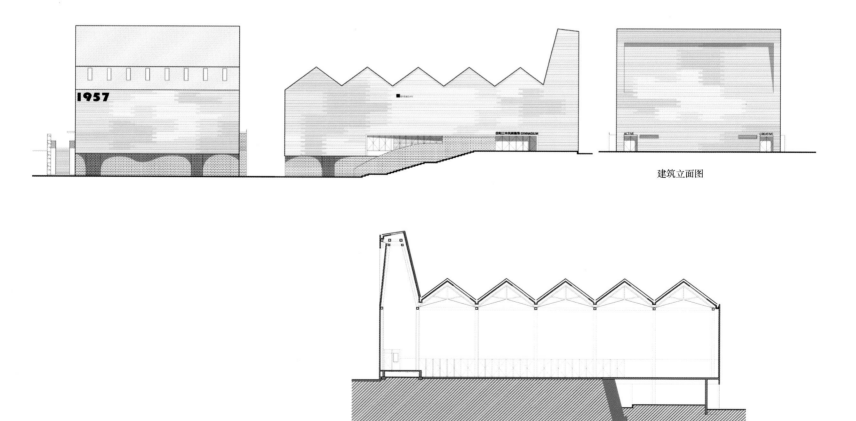

建筑立面图

建筑剖面图

建筑师团队

熊天宇、高鹏飞、莫言、唐福明、
张昊、邵一梁

结构设计

浙江安地建筑规划设计有限公司

设备设计

浙江安地建筑规划设计有限公司

设计周期

2015年7月—2018年7月

建造周期

2016年8月—2018年8月

总建筑面积

64，000平方米

工程造价

4.3亿元人民币

主要建造材料

混凝土、钢材、涂料、玻璃、铝穿孔板

摄影

夏至、宋肖澄

浙江省，杭州市

杭州市崇文世纪城实验学校

宋小超、王克明／主创建筑师　MONOARCHI度向建筑、上海都易建筑设计有限公司
（合作设计）／设计公司

杭州市崇文世纪城实验学校坐落于杭州钱江新城区块，振宁路以北，盈丰路以东，丰二路以南的地块之内，是新开发的教育用地。学校传承自杭州历史上颇负盛名的崇文舫课，自明代开始，先生带着学生在西湖泛舟上课，游走于荷花碧波之间，这种教育模式开创出一种亲近自然，自由而开放的教育精神。新时代的崇文学校，继往开来，期望以一种新的教育空间来承载和发扬这一教育精髓。

自由与开放，是自然理应具有的状态，那么我们的校园设计，就应着眼于孩子们认知的天性和教育的本质。在传统教育体系中，以结果为唯一评判标准的社会价值导向，致使自上而下的教凌驾于深耕细作的育，教育活动渐趋单一化，这种教育模式正迫使儿童文化的丰富性逐渐丧失。幼儿的认知天马行空，其特点决定了知识不会以单纯线性方式发展，而会以更为多元相互纽结的方式网状演进，越是复杂丰富的认知环境越能更好地帮助儿童成长。

孩子们所处的校园可以说是一个小型的社会。学生在一起上学，除了课堂教育之外，学生也可以通过参与活动来互相影响学习，这可能是近距离的印证学习，也可能是远距离的观察学习，所以我们摒弃了传统的集约型线性空间模式，转而构建了更为丰富和复杂的空间架构，通过把原来扁平化的空间立体化编织，提供了更多的身体接触点和视线接触点，由此获得了更多互相观察和学习的机会。

其次，正统教育偏重于知识的灌输，但是对于独立思考能力的培养却是触及不多，学生在学校更应培养出一种独立思考，深入探索世界的能力。而独立思考意味着孤独。对应于学校这样的教育场所，我们希望在群体共同学习玩耍的地方之外，也需要存在可供孩子安静思索的空间，特别是学生共享区域的设计，需要有一种特质，使共享空间能在公共性和私密性上有转化的可能。

校园规划为内院式，小学部有三个庭院，幼儿园有一个内院，综合体与操场之间还有一个庭院.这种布局方式的氛围迥异于传统的行列式布局，围合使院落获得了一种向心性，而向心性的空间具有非常强的领域感，更易使人安定下来，关注内心；除了幼儿园内院以外，其余院落均下沉直达地下，因为在纵向上脱离了主要教学区域，这些庭院都成了更安静的场所。其二，与庭院对应，学校有三个图书馆，按三角形、圆形和正方形来设计，均放在一楼，飘浮在下沉庭院上空，享受最为静谧的读书氛围；第三，设置港湾空间。建筑每一层都设计了一些无确定功能性的空间，可以被随意使用。这样的空间在底层就是那些架空的区域；其上每一层，则是在教室之间留出了大小不一的开敞

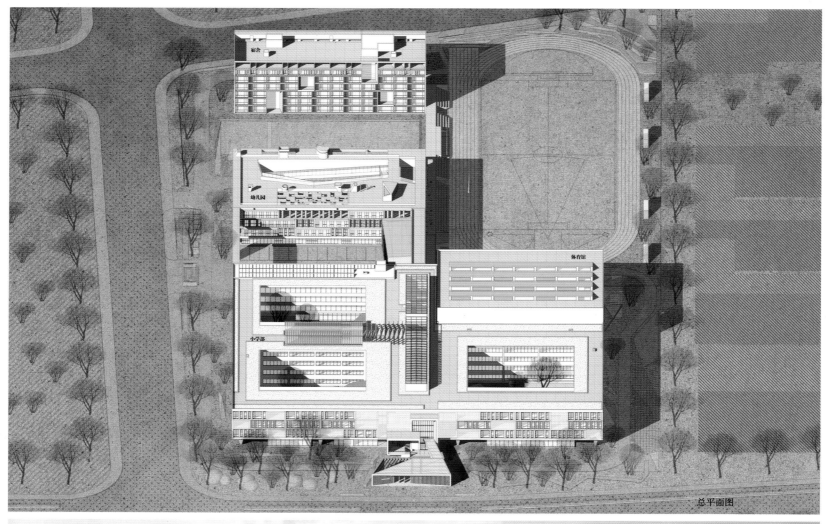

总平面图

空间，我们统称之为"港湾"，它是一种袋型空间，被走廊串接起来，相对于走廊的跳跃喧闹，袋型空间内部显得稳定安静，而且它们数量众多，面积上接近教室面积的总量，因此学生多了将近一倍的学习和活动空间，每个学生更容易找到一个属于自己的独处角落。这些港湾可以被利用为小剧场、小图书馆、小画廊、小制作间等功能。它们像是奇妙的水体，在有学生活动时就是富有活力的港口，当学生独处时它们又成了安静的港湾。

在校园绿化的设计上，除了满足在地面设计尽可能多的绿地之外，还设计了一条越野跑道，在路径上设置各种地质环境，模拟自然，并且把综合楼的屋顶开辟成了农田。

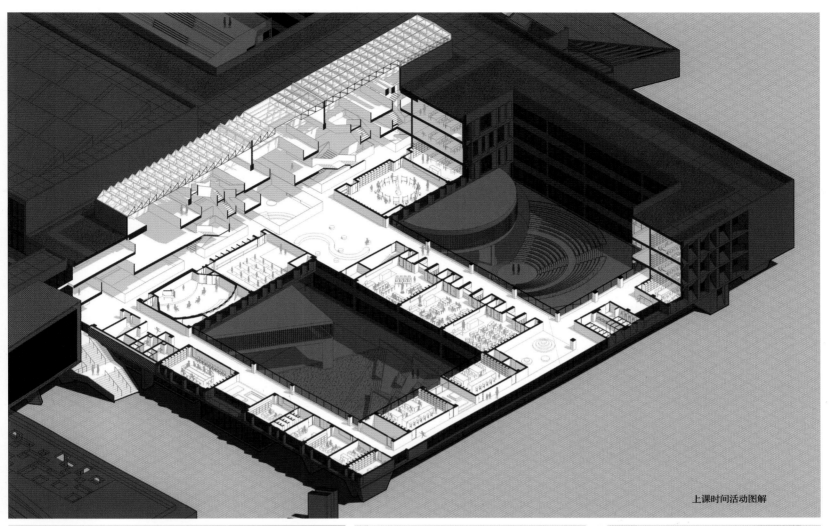

上课时间活动图解

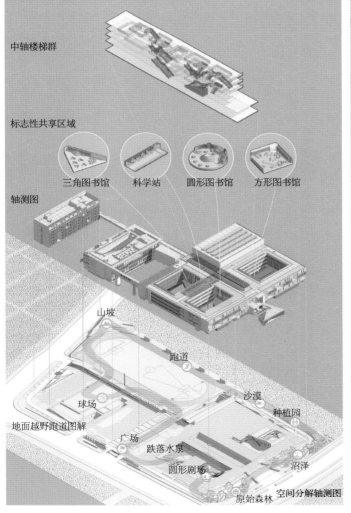

中轴楼梯群

标志性共享区域

三角图书馆　科学站　圆形图书馆　方形图书馆

轴测图

山坡

跑道

球场

沙漠

种植园

地面越野跑道图解

广场

跌落水泉

圆形剧场

沼泽

原始森林　空间分解轴测图

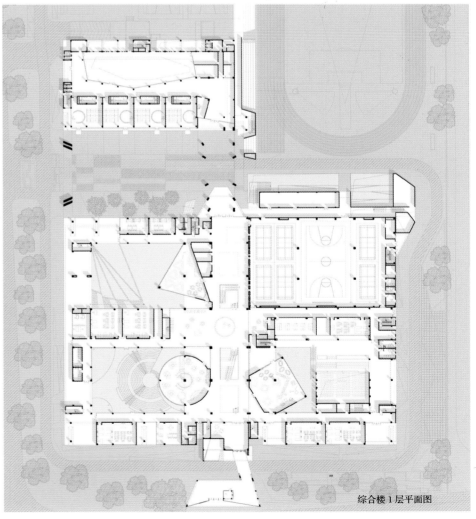

综合楼1层平面图

浙江省，宁波市

宁波效实中学东部校区

纪彦华／主创建筑师　上海联创设计集团股份有限公司／设计公司

　　一座富有体验感、场所感的情景式校园，将成为美好青春岁月的载体，伴随学生和老师的一生，在很多时候给他们以回忆、勇气和力量。源于此，我们在宁波效实中学东部校区设计了自然、开放、丰富的校园之核——"活力之丘"与"知识方圈"，它将承担起百年效实的教育理想与文脉传承，同时也是新时代里我们对未来教育模式的创新尝试与探索。

　　"活力之丘"是从大地生长而出的校园主体，以自然起伏的草坡形态将师生日常最主要的活动包容其中，突破了传统校园的规整与乏味，带来了生动、非常的场所体验，是承载校园集体记忆的重要场所。"知识方圈"是由南北教学楼中两座不

同高度的中庭及相互连通的宽敞走廊所组成的空间。它被设计成紧凑、集约的正方体，构建了一个主动学习型的教学巨构。教学楼中庭的台阶、屋面的空中庭院、建筑四周的室外平台，屋面采光天窗等设计元素的加入，增加了建筑空间趣味的同时，促进了楼层间的互动并激活周边功能区域，教与学将在空间上和行为上蔓延至建筑的每个角落。

建筑师团队

张煜、刘镕玮

设计周期

2012年5月—2015年11月

建造周期

2016年1月—2018年8月

总建筑面积

56，711平方米

主要建造材料

钢、钢筋混凝土、金属屋面

摄影

许捷

校园西立面图

校园南立面图

教学楼南立面图

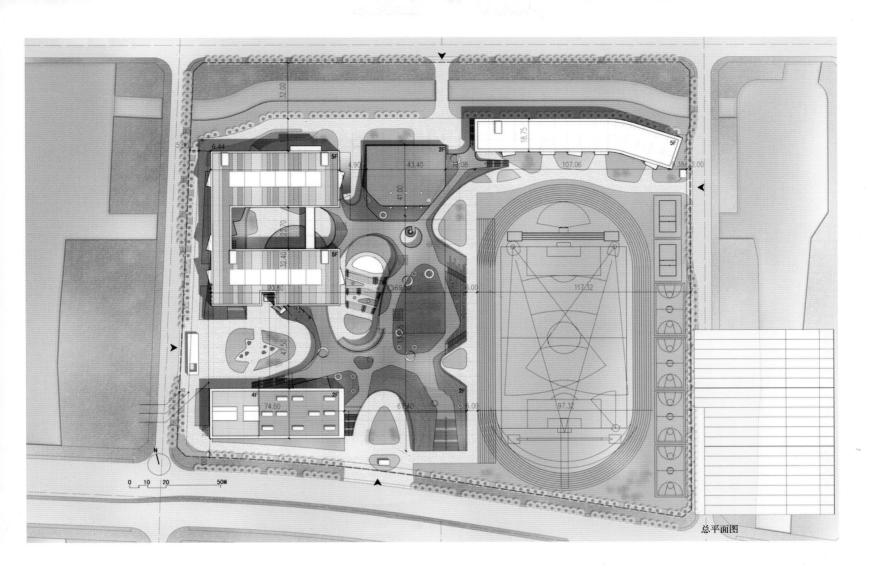

总平面图

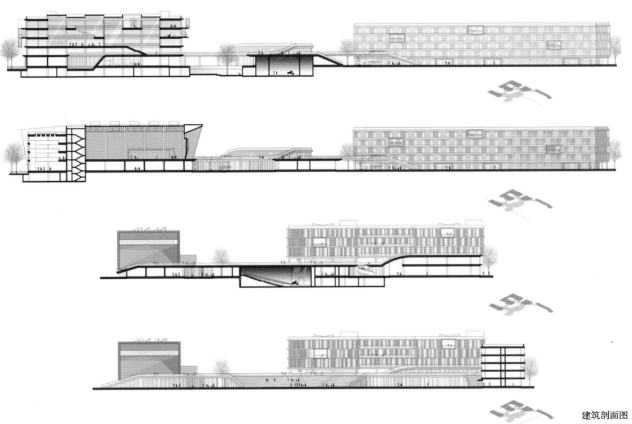

建筑剖面图

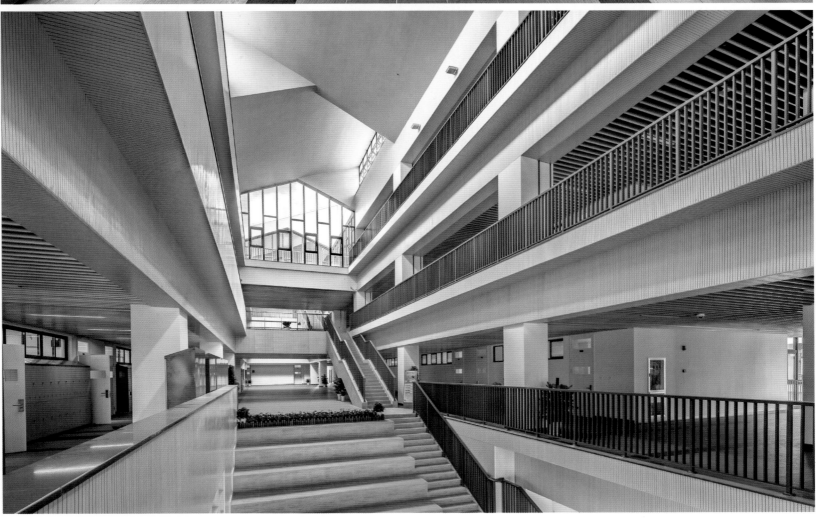

建筑师团队

杜富存、李宪辉、孙艳飞、赫建欣、
范恒昌、李继文、张洋、张恒阳、张新

结构设计

史佰通、何伟、何勇军、陈巧巧、
涂仁勇、盛伟

设备设计

史嘉樑、马菲菲、邢飞、范举昌、
瞿佳、郭星、陈伟、郝瑾晖、
付同、朱耀捷

设计周期

2015年—2015年12月

建造周期

2016年—2018年8月

总建筑面积

10,662.1平方米

工程造价

3,550万元人民币

主要建造材料

混凝土、石材、金属、砖瓦、玻璃等

摄影

Rh+c 黄金荣

江西省，鹰潭市

鹰潭市师范附属小学

王兴田／主创建筑师　日兴设计·上海兴田建筑工程设计事务所(普通合伙)／设计公司

　　基地东侧为开阔的东湖公园；北侧为高层住宅，远眺信江；西侧紧邻建设路，位于城市的经济脉络沿线。身处其中，能够感受到基地与城市空间自然连续地衔接。

　　学校不只是一个完成学业的集装箱，建筑师希望它是一个具有自由性、包容性的空间，足够承载孩子们的快乐童年，给孩子们一个寓教于乐的场所。所以在项目设计中，我们尝试创造多样性的开放空间，为孩子们创造尽可能多的交流机会。

　　设计以集约式的布局回应了场地限制，为地面更多的活动空间提供了可能。操场与建筑只用一条连廊形成自然分区，摒弃了传统的围墙分隔。体育馆、音体活动室以小盒子的形式，分散插入主体建筑，体块的高低错落和穿插形体的咬合串接，丰富了空间的变化。设计整体力求通透开放，拓宽活动空间。

　　架空层的设置，开阔了视野，减小了建筑对自然的割裂。夏季，东南风有效增强了庭院的通风；冬季，庭院北侧的实墙，阻挡了寒冷的北风。阳光洒进庭院，营造出温暖舒适的空间。

　　我们在基地中间设计了"活力廊桥"，成为校园活动的重要载体，整合了教学资源，激活了共享空间，扭转了传统校园单一功能的乏味和疏离感。它能为孩子们提供便捷的交通，方便到达校园各处，并顺应鹰潭的多雨气候，成为遮风挡雨的灰空间。底层柱廊架空，使一层空间流动了起来，沟通了庭院空间与操场活动空间。二三四层用虚掩的墙面分割了"动""静"。

　　建筑师还在走廊上不规则地拓宽延伸出多个活动平台，平台大小不一，高低错落，领域感与开放性并存，便于在短暂的课间中孩子们相约交流、玩耍，为走廊空间发掘出更多活动的可能性。发生

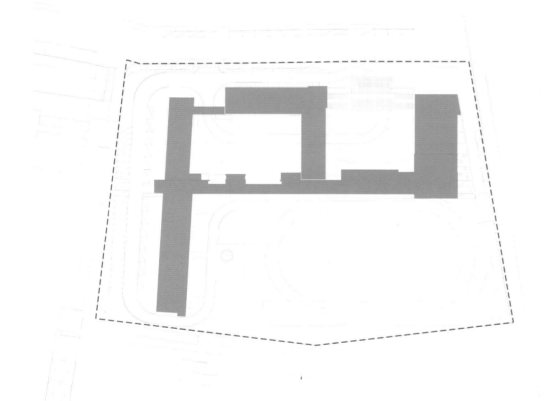

总平面图

在这个微缩空间里的交往，伴随着孩子们的日常，也将成为他们成长中的独家记忆。

在五光十色的城市中，建筑师想给天真无邪的孩子们保留一方净土，用最简单的色调搭建一个场所，陪着孩子们一点点去发现世界的丰富多彩，呵护好他们五彩斑斓的梦想。

白灰色的设计基调，质朴淡雅，一如孩子们的纯洁无暇；白墙灰瓦，飞檐斗角，以新中式的手法化繁为简，在喧闹的城市之中搭建起一处纯净的小部落，融合于城市之中，又独立于城市之外；立面中的方圆造型，明快活泼，生动有趣，也暗合了学校"智欲其圆道，行欲其方正"的育人理念。

纯净、自由的空间将孩子们轻柔地包围着，欢声笑语从屋檐下涌出，流过庭院，溢出校舍……建筑师希望这些美好可以留在孩子们的认知中，成为他们心中童年的记忆。

建筑师团队
邓洪波、马晓婧、李剑、胡珑铧、柴克非
结构设计
朱海超、徐向茜
设备设计
蓝鹏、胡轶、吴志勇
设计周期
2016年5月—2017年9月
建造周期
2017年4月—2018年10月
总建筑面积
2701平方米
工程造价
900万元人民币
主要建造材料
钢筋混凝土、陶板、红砖、青砖、仿木材
料、水泥纤维板、聚碳酸酯板
摄影
DID STUDIO

重庆市，两江新区

重庆约克北郡幼儿园

陈俊、苏云锋、宗德新 / 主创建筑师　IDO元象建筑、重庆市设计院 / 设计公司

重庆约克北郡幼儿园位于重庆市两江新区约克郡北区，基地南隔城市道路与已建高层住宅区相邻，北侧及东侧为在建住宅区，西侧为城市绿化公园，场地较为平坦，项目为9个班级幼儿园，用地较为紧张。项目伊始，园方提出了"爱与乐趣"的开放式教学理念，包含三点：会呼吸、面向未来、无限可能。园方不希望幼儿生长在温室里，希望能在园区感受到自然的氛围与温度。

结合场地情况与园方的教育理念，我们提出了"村落"的概念，希望幼儿园建成后能成为孩子们自由探索的城市村庄，主体建筑呈现为U形院落布局面向西侧公园，班级作为独立体量叠合布置，体量之间留出缝隙，使其保持"自由呼吸"之状态。我们希望每个班级都能形成一个"家"的概念，所以各班级不仅在形体上是相对独立的，同时在材质上也是各不相同，在建筑表皮材料上使用了陶板、红砖、青砖、仿木材料、水泥纤维板以及彩色聚碳酸酯板等不同材料。

除了设置常规的儿童生活单元、音体室、医护区、合班教室等满足基本教学需求的空间，建筑师还设置了更多的开放式教学空间：如在二层设置架空层活动平台、设置小舞台使其成为前后院的"视觉焦点"，结合中心庭院设计了大台阶看台空间，并设置了供小朋友玩耍的树屋、滑梯及斜面攀岩区等活动场所；充分利用一、二层的建筑屋面作为室外拓展活动场地；班级与班级之间的缝隙同样也形成为了小朋友下课玩耍的趣味空间，大量多功能趣味空间的设置，为儿童自发游戏及情境教学提供了开放性场所之可能。设计上试图提高音体室空间的使用效率，结合场地环境，打通了音体室南北两个界面，使其成为开放通透的多功能复合空间的可能封闭时可作为独立的教学空间使用，开放时可结合南北两侧庭院成为多功能的教学场所。

基本教学单元的平面布置采用活动室与卧室一体化设计的模式，洗手间、衣帽间以及靠山墙一侧的床位收纳空间共同形成了"服务空间体系"。平面内未设置其他固定家具，希望获得更为自由的活动空间，教师可根据不同的活动情境，灵活布置家具。核心单元靠近山墙一侧设置了900毫米高的阅读台，丰富了室内竖向空间的层次，架空部分也成了床位的收纳空间。结合建筑外立面不同尺寸的凸窗，根据幼儿的身体尺度，在室内设置了高低不同的观察窗口，激发小朋友以不同的视角去观察室外庭院空间。

元象建筑作为方案设计方以及设计全程总控方，两年半以来深度参与了对建筑施工图设计、幕墙施工图设计、景观设计、室内设计的全过程设计品控，在材料定版上谨慎把握、施工期间完成现场巡场指导意见数十次，确保了方案概念得以较高完成度的呈现。目前，该项目建筑部分已竣工验收，等待景观施工。

总平面图

1. 教学模式
2. 寝室模式
3. 卫生间
4. 阅读台
5. 床位收纳
6. 衣帽间

基本教学单位透视图

建筑师团队
严芳、林淑雅、李海莲、冯武兵、
林威、许修贤
设备设计
重庆长厦安基建筑设计有限公司
设计周期
2018年4月—2019年2月
建造周期
2019年2月
总建筑面积
5,600 平方米
获奖情况
德国标志性设计大奖ICONIC AWARDS
2019 WINNER
德国设计大奖 GERMAN DESIGN
AWARDS 2019 WINNER
入围世界建筑节 WORLD ARCHITECTURE
FESTIVAL
2019上海市建筑学会建筑创作奖提名奖
2019金盘奖年度最佳预售楼盘奖
摄影
三棱镜建筑空间摄影、熊欢、路径建筑摄影

四川省，成都市

成都万科公园传奇幼儿园

李杰／主创建筑师　上海成执建筑设计有限公司／设计公司

格式塔心理学认为，复杂而又统一的形，被认为是最成熟和最完善的图形，形式所遵循的规律应该是"简约合宜"。人脑自行简化复杂的形体，因此幼儿园建筑不等于一定要色彩斑斓，设计师不再教条地恪守现代建筑的一些清规戒律，而是通过研究儿童视觉、知觉的简化心理，给他们带来单纯、极简、趣味的空间形态。

项目位于成都天府新区生态板块，筑城于园，毗邻麓湖生态城、兴隆湖生态区、天府中央公园等自然生态胜地。

地块东西北三向均被城市景观带包裹，而北向的百米绿化带更是成为城市重要景观轴。建筑形体契合异型场地，将景观引入建筑，以建筑呼应景观。儿童通过与自然的接触可以得到各种体验的同时，建筑物本身亦可作为环境教育的教材被灵活使用。

从幼儿园单元性特征出发，将形体切割，建立建筑与人流的关系，对光照和室外活动场地的要求，使其体块推向南侧。通过在建筑环境与自然风景之间建立过渡性的微观地理环境而实现创新。

赖特曾说过，"设计是自然的提炼，以一种纯几何方式出现的因素"。本案是用建筑来使自然抽象化的过程，希望儿童在山林中蓬勃成长。建筑形体来自山体的抽象画演绎，以清晰、鲜明的图形呈现出来，并在局部形成制高点作为建筑的昭示性，不会令人乏味。以精致简练的手法表达出抽象自然的意义，与周边丰富的景观带多样统一，如山林环绕一般，视觉心理得到满足。

建筑需营造一个与同年代儿童共同生活的"场"，营造一个能够理解儿童，适时提供儿童帮助的老师一起生活的"场"，营造一个适当环境的"场"。

布局上，结合异型地块建造复杂而又统一的建筑体。基本几何形和组合方法来表达建筑的本质，建筑沿着台地围合出入口广场、中心院，并从形态上对外打开，一同围合而成，从实到虚形成一个隐形的环。

如何突破封闭的活动单元，提供满足幼儿身心发展需要的多样性学习和游戏空间，提供幼儿交往空间和更多的公共活动空间，是建筑师考虑的重点。

中介空间的本质使廊道空间具有过渡性、模糊性和边界性。环形廊道空间在满足幼儿心理过渡需求的同时，其空间本身也相应地处在一种过渡的中间状态，用于连接和转换非廊道空间，实现公共与私密、室内与室外、动态与静态之间的转换过渡，从而形成空间之间的连续，缓解了不同的空

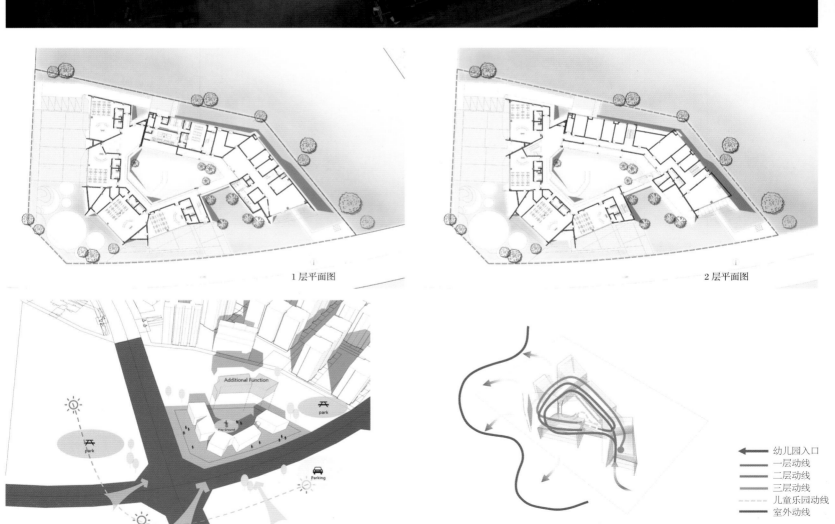

1 层平面图

2 层平面图

Additional Function

park

park

Parking

日照分析图

流线图

幼儿园入口
一层动线
二层动线
三层动线
儿童乐园动线
室外动线

间特性之间的矛盾。

白色实际是能够强化对自然界所有其他色彩感觉的颜色，对着白色表面能够最好地欣赏光影虚实的表演。设计师用白色来澄清建筑概念，提高视觉形式的力量。白色建筑与自然环境形成图底关系，在光线的作用下，白色墙面映衬着自然，这种对比并不是破坏自然环境，而是与大自然既对立又融洽。

表皮的形式和色彩在结构纵横的原则下形成整体，从上自然倾泻形成水帘瀑布，呈现出一个灵动、轻盈、舒适的视觉效果。自然形式的复杂性将在系统比例中锐减，所产生的张力能在极致的对比中趋于一种宁静的均衡，从而建筑形式达到统一，来实现幼儿园和周边环境的艺术化。

室内以木质为主，与立面颜色形成统一，整体自然明亮，空间线条极简流畅又舒适，简约却不单调充满童趣，通过几何结构来重构空间。各种相互对立的物件与形态在极致的对比中，既能张扬其属性，也能获得整体和谐。

建筑的生命就是它的美，这对儿童很重要，自然的建筑能给他们带来舒适感及愉悦感，但这并非要色彩斑斓，简单的几何构成和具有吸引力的公共空间就可满足。而建筑作为儿童生活的载体，应给予他们更多自我探索的学习机会。

建筑师团队

徐鹏、唐林衡、陶龄、敖翔

结构设计

中元（厦门）工程设计研究院有限公司

设备设计

中元（厦门）工程设计研究院有限公司

设计周期

2015年—2017年

建造周期

2017年

总建筑面积

10，000平方米

主要建造材料

钢筋混凝土

获奖情况

2019第八届上海建筑作奖佳作奖

摄影

大狮子独立摄影工作室

福建省，泉州市

晋江世茂青鸟同文幼儿园

李杰／主创建筑师　上海成执建筑设计有限公司／设计公司

晋江世茂青鸟同文幼儿园位于晋江市一个大型住宅开发地块内，其东侧临城市干道，北侧、西侧均为超高层住宅，用地呈不规则的三角形，非常局促。

设计以"退让"为核心策略，着力缓解幼儿园与周边高层的对峙关系。建筑体量沿用地展开，以一种类似"甜甜圈"的形态围合成一个内聚性中心庭院，所有班级单元及辅助用房均围绕该庭院展开。中心庭院为小朋友们提供了一个安全内聚的游戏场地，并为日常全园性集中活动提供了空间。为减少对北侧住宅的压力，幼儿园北侧的建筑体量沿界以"波浪"起伏的曲面形态呈现，塑造出一种有趣的缓冲界面，为紧邻的低层住户提供了表情生动的对视景观，　同时也为建筑内部塑造了一段富有戏剧性的围廊空间。

3.8米宽的大尺度环廊串联每层的班级单元和功能房间，为全园的小朋友们提供了一条长达220余米的带状室内活动空间，它将普通的交通需求替代为小朋友们的全天候活动场所，在这可以尽情奔跑、追逐，无拘无束地游戏。

朝着中心庭院的环廊外墙，设置了三种不同尺度的洞口，对应不同的活动场景，洞口尺寸分别为2700毫米x2700毫米——落地窗洞，老师和小朋友都能通过这个窗洞看到中心庭院；1800毫米x1800毫米——距地900毫米的窗洞，老师能往外看到庭院，小朋友能往上看到天空；1500毫米x1500毫米——进深900毫米的落地凸窗，大人不便进入，它是小朋友们的私属小屋，三两个小伙伴可以躲在"小屋"里分享彼此的小秘密，或者与走廊上的其他小朋友玩捉迷藏的游戏。不同尺度的洞口随阳光照射角度的不同也为走廊空间塑造了生动的光影效果，无论从室内还是室外都带给人丰富的视觉体验。

设计师给三层的每一个班级单元都设置了彩色天窗，期望每天早晨的阳光透过天窗投射到活动室的白色墙面上，产生如七色彩虹般的光影效果。这面墙将成为小朋友们的天然调色板，从早晨到傍晚，随着时间变幻出不同的色彩和图案。

标准班级单元采用了形体简洁的单坡屋顶，坡屋顶对于小朋友们来说就是"房子"或"家"最典型也是最抽象的表达，它是一种建筑符号，也是一种情感媒介。坡屋顶不同的组合方式形成了丰富的建筑立面效果，也为周边高层住户提供了有趣的园区"第五立面"。

作为商业开发项目的配建幼儿园，在建设成本和设计管理上都有它天然的局限性。设计师力求通过朴素的设计语言，以有趣的空间来组织功能，以明确的体量来塑造光影，在限制性设计条件下用心营造一个"不受限"的儿童乐园。

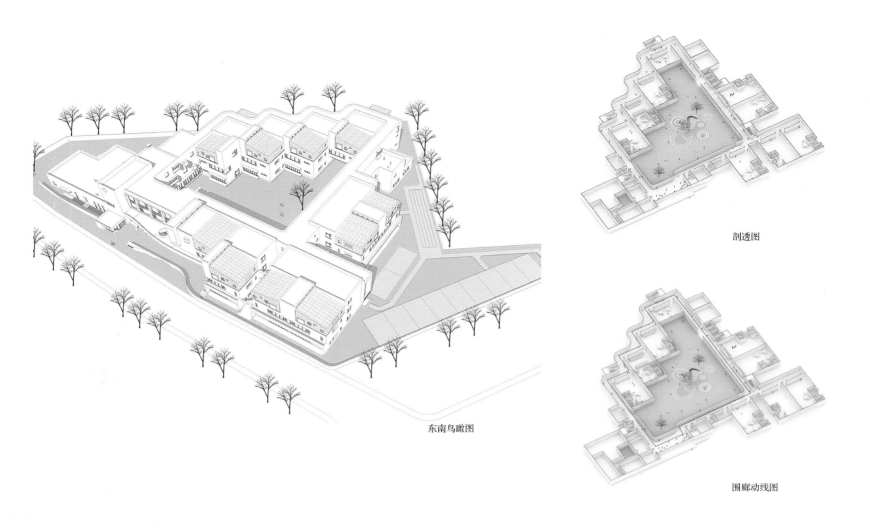

东南鸟瞰图

剖透图

围廊动线图

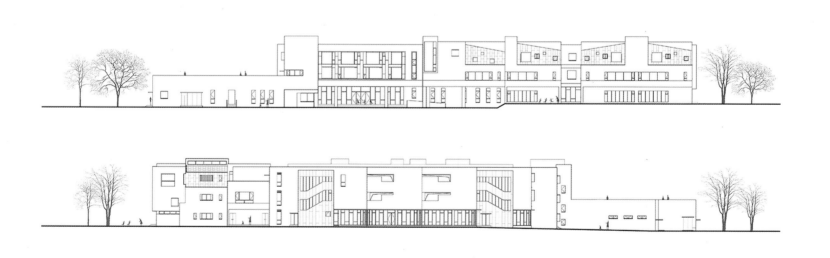

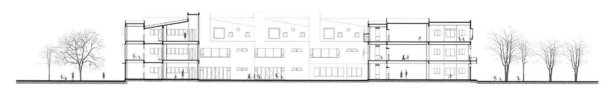

剖面图

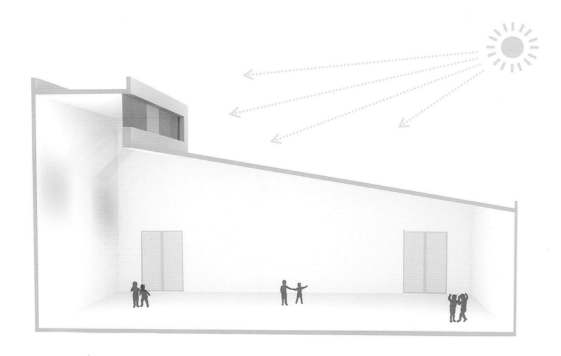

采光天窗

安徽省，铜陵市

铜陵山居

庄子玉／主创建筑师　德阁建筑设计咨询（北京）有限公司／设计公司

建筑师团队

戚征东、李娜、李京、赵欣、
范宏宇、朱坤宇、王佳欣（实习生）

设计周期

2017年

建造周期

2017年

总建筑面积

160平方米

主要建造材料

钢、木材、黄铜、玻璃、青瓦、老砖

获奖情况

英国世界建筑新闻奖——年度最佳住宅

亚太区室内设计大奖——居住空间类金奖

DFA 亚洲最具影响力设计奖——住宅及居住
空间类金奖

法国国际创新设计大奖——空间设计/室内
设计类最高奖

美国建筑奖——winner

德国iF奖——设计奖

德国设计委员会标志性建筑设计奖——居住
建筑类至尊奖

德国红点设计大奖

2018 Archdaily——中国年度建筑

意大利A'大奖赛

摄影

苏圣亮、许挺

传统性与当代性在现今中国的建筑实践中永远都处于一种交织中的并行状态。铜陵山居原本是一幢徽州与沿江风格融合的破败民居，地处全村最高的山顶，占地较小。故而在平面布局上，我们在西向和南北向上各增了一跨。将原有建筑加高至两层，结合平面上抽离出的虚形，形成前后错落的连续曲面。传统的折面屋面和旁边抽离出来的流线型融合成一体，并暗含了中国道家文化"三生万物"。整个屋面以青瓦覆盖，将室内空间的特征从外部进行首次表述。之前的外墙成为室内隔墙，划分了主要的内部空间。从东向西，空间的私密性逐级递减。

中庭空间作为整个平面布局的核心部分，衔接室内外空间。其南侧的原有墙体和老门都得以保留，彰显对原有记忆的尊重和致敬；作为对比和呼应，在老门的一侧设置了铜制新门，通过比例差异增强仪式感。

新产生的墙体部分由当地其他建筑上的不同型号的老砖砌筑而成，整个建筑的立柱及屋面也均采用了其他老旧民居上回收的老料老瓦，并由当地工匠用传统工法砌筑而成；一方面在建构方式上回应了本土的文化性，另一方面也体现了可持续的生态理念。

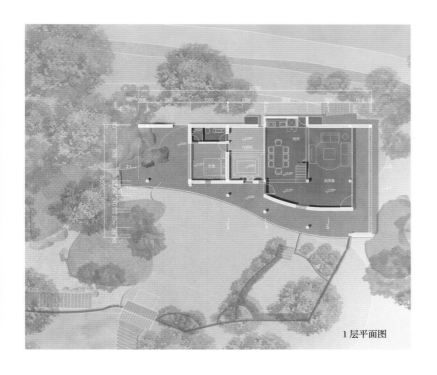

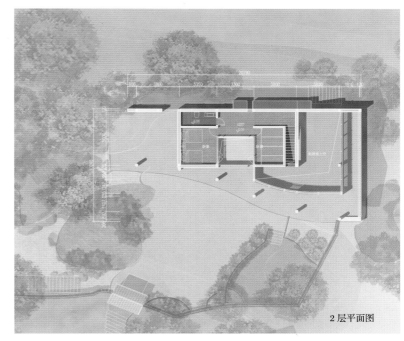

1 层平面图

2 层平面图

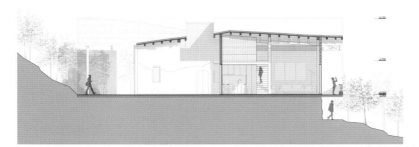

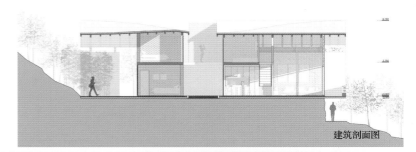

建筑剖面图

建筑师团队

皮黎明、林为侬、钟佳吟

结构设计

李海乐、邓雨富、王世杰、王若炜

设计周期

2017年8月—2018年5月

建造周期

2017年6月—2018年6月

总建筑面积

2,200.0平方米

主要建造材料

**水磨石现磨台面、橡木地板、钢管护栏、
乳胶漆等**

摄影

夏至

江苏省，昆山市

锦溪计家大院

邢永恒／主创建筑师　上海大形建筑规划设计有限公司／设计公司

　　计家大院位于江苏省昆山市锦溪镇南首计家墩村，东靠国际大都市上海，西邻历史文化名城苏州，距离"中国第一水乡"周庄仅有 7.9 千米，同时 18 分钟沪宁高铁连通上海，上海 11 号线与昆山花桥段通车，同城效应升级。交通便利，区位优势明显。国家农村土地三权分置政策的推出使农村面临着一个新的发展机遇。许多城市人口渴望回到一种相对更加自然的环境过上慢生活。计家墩村和许多乡村一样面临着空心化，然而其优越的地理位置和巨大的体量为其提供了较大的发展潜力。乡伴文旅选择了这里来实现他们乡村集群理想村的规划，他们希望能使更多拥有相同生活方式和理想的人聚集于此，形成一个新的圈子。

　　乡村建设在一定程度上是当代都市生活的一种延续，乡村的部分建设行为服务的对象主体还是城市人口。然而城市人口在乡野间短暂的旅游行为更多的是体验而非生活。大院模式便是给想

回到乡村生活的人群提供长期居住空间的一种尝试，以丰富的乡村旅游产品、完善的配套服务和成熟的旅游载体回应大都市"周末、节假日逆城市化"趋势。本项目采取产权与使用权分离的模式，在乡村建造房屋，向那些向往田野乡村生活的人出售一定 20 年的房屋使用权。

　　计家大院基地在计家墩村北部。基地南侧是一片开阔的水域，北侧是一片香樟林，隔着香樟林就是大片的农田。基地内现存八栋旧房，但现存楼房从尺度和结构上都不太能适应新功能的需要，故而采取了整体新建的策略。

　　本次设计尽可能保留村里的原有风貌，新建筑在原有建筑位置上微调，并借鉴原有的空间尺度，建筑创作回归本真，土法建造，材料因地制宜，与自然环境和谐共生。设计拓宽了房屋前后间距，形成中央公共空间。空间由自由开放逐渐走向围合

带来的强烈归属感，正是项目热切希望表达的核心观念。

　　在确定主要建筑的布局和体量后，南北建筑自然围合出约 16 米宽的开放带状空间。空间由自由开放逐渐走向围合带来的强烈归属感与向心力，也正是项目热切希望表达的核心观念。我们汲取传统建筑形制和园林布局设计的理念来处理中心开放空间，一些单层体量的置入增加了产品的功能性，同时也将整体的带状空间自然分割成大小各异的庭院空间。项目整体实现了中心开放空间、入户庭院的半私密半开放空间、住户庭院的私密空间三种空间的有机过渡和关联。

　　二层由连续的混凝土板串联。为满足首层采光，混凝土板配合日照模拟设置了若干天井。中心庭院的天井边界被柔化，砌块砖的不同堆砌方式也呈现出了界面变化和视线穿透的有趣现象。

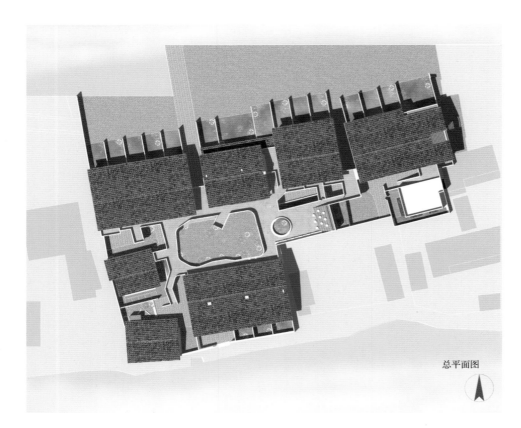

总平面图

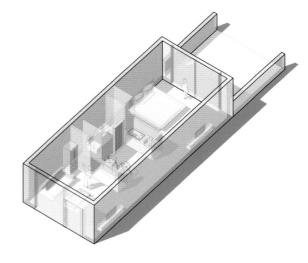

户型 1 轴测图

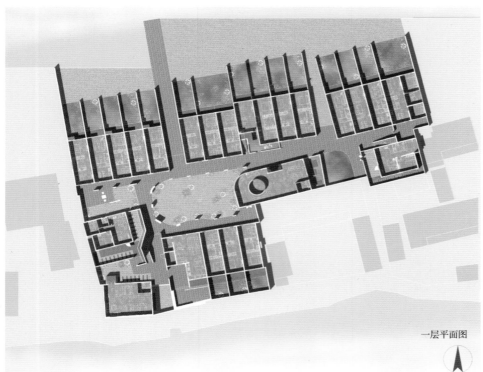

一层平面图

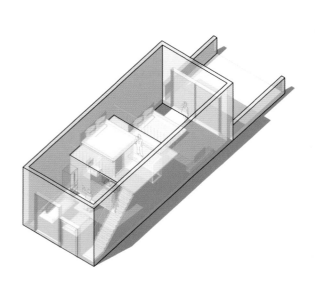

户型 2 轴测图

剖面图

建筑师团队

薛腾、程颖、丁赁捷、曾荣、
史于瑞、巫琪、邓永良、冯跃、
牛方华、唐显坤、杨建宁

结构设计

原构设计

设备设计

原构设计

设计周期

2015年12月—2018年9月

建造周期

2017年5月—2018年9月

总建筑面积

43,849平方米

工程造价

3.3亿元人民币

主要建造材料

花岗岩、金属板材

获奖情况

第13届金盘奖上海赛区年度最佳住宅奖
第五届CREDAWARD地产设计大奖，中国
优秀奖

摄影

远洋

上海市，浦东新区

东原印·柒雅

袁远、罗荣庆 / 主创建筑师　　PTA上海柏涛 / 设计公司

东原印·柒雅地处上海浦东康桥板块，北临"三林塘港"景观河道，为 L 形地块。整个地块东侧狭长，嵌入在前后均为现状住宅的小区中间，仅有西侧界面向城市打开。

居住区分会所和住宅两部分，住户从西南侧城市街道进入，经过社区大门抵达一个酒店式落客区，再通过简洁明亮的雨棚，引导住户进入会所内部，立刻脱离了城市的尘嚣。这种在空间上营造的多重转折，强化了居住仪式感——从入口灰空间，到室内一个两层通高的大堂，再穿过一条艺术长廊，正式进入小区内部私密空间。

"虽处都市，远离尘嚣"。我们尊重地域文化、海纳百川，运用现代主义的理性思维，寻求空间与艺术的和谐共生，使居住者情感回归于宁静与自然。

在上海，无论是武康路上的名人故居，还是复兴中路的思南公馆，都已成为一个时代的印记。它不仅具有精致风情的外在形象，更在于它内在舒适宜人的空间环境，让人有一种大隐于市的境界。

我们希望将东原印·柒雅打造成隐匿于上海的世外桃源，在进行社区设计的过程中，我们不仅仅是在为该地块设计住宅群体，更重要的是，提供一种美好的生活方式。在这种充满人性化的人文居住社区中，让每一个在这里居住的人和曾经停留过的人都能感受到真切的街道感受、舒心的管理体验和开放的人居思想，一切以人为本，提升城市价值。

建筑单体强调功能与造型的融合，在室内空间最大化享有的同时确保景观视野。材料则以灰白色花岗岩及灰色金属板材为主，适当点缀典雅细腻的铜色金属板和木纹格栅，在低调宁静中强化建筑的活力与时尚，大气稳重中又体现时代感的包容与共生。

在设计之初我们便遇到了难题：整个地块为不规则的 L 形，东侧较狭长，嵌入在前后均为现状住宅的小区中间，仅有西侧界面向城市打开，但西北角又是道路引桥起坡点……这就要求我们在规划设计上做多重的考虑，既要与现状小区整体协调，减少对周边居住空间的压迫感，同时也希望在地块内部营造一座低密均好的社区，在此基础上，我们摒弃传统拉高拍低的手法，而是选择一种相对均值的空间形态，使每栋楼里的使用者都能享有较好的景观环境。北侧沿河的休闲景观步道在保留的基础上加以改造提升，通过南北向的中轴连接到社区入口空间，成为整个社区公共活动的场所。

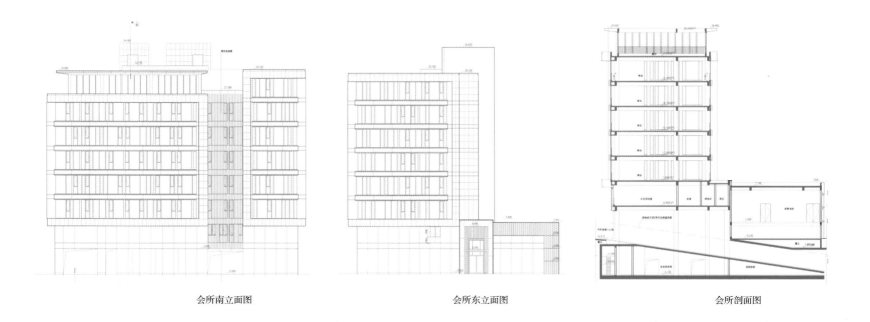

会所南立面图　　　　　　　　会所东立面图　　　　　　　　会所剖面图

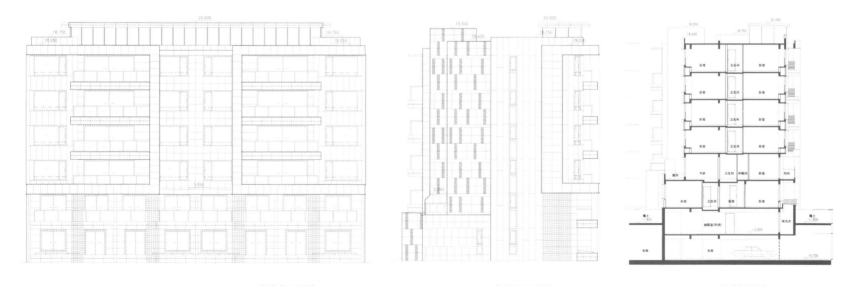

住宅南立面图 住宅西立面图 住宅剖面图

建筑师团队

徐鹏、徐小康、唐林衡、威巍、
敖翔、吴学成、刘奇建、丁超、
王锁东、张欢、粟梦瑶、崔振雨、
赵宇、朱永林、侯鑫、许阳峰、
张永鹏、刘喜桃、陈颖、余颂、
查小霞、王小臣、谭惠娟、徐云、周晨

设计周期

2015年9月—2015年12月

建造周期

2017年

总建筑面积

241,776.50平方米

主要建造材料

钢筋混凝土

获奖情况

2017-2018 地产设计大奖CREDWARD
居住项目优秀奖
2019上海市建筑学会建筑创作奖佳作奖

摄影

余位旻

江苏省，苏州市

苏州龙湖首开狮山原著

李杰、曾庆华／主创建筑师　上海成执建筑设计有限公司／设计公司

狮山原著项目位于苏州高新区狮山板块，占据狮山商务区核心地块。项目地段优势十分明显，教育资源充足，毗邻三大名校，地块私密性好，闹中取静，在繁华喧闹的新区狮山板块为业主倾献一座自然环抱的世外桃源。

此项目设计师专注于探索，专心于创造，真正从客户体验出发，将每一个细节做到极致，秉承匠心精神，打造全墅生活。

整体布局采用"回"字形平面布局方式，形成位置的空间关系；整体规划西地块为18层及13层高层住宅，东地块为低多层住宅，总体形态呈现西高东低，南高北低的态势。

高层住宅，设计师以"功能定义"的方式设计空间。功能定义是指建筑形式需服从功能需求，功能决定走向，这是在一个相关客体所构成客观

的基础结构下，提出必须与建筑、人为环境有关的功能层面，即从人的行为层面需求去创作出外在形体，而形体各单元间存在着极高的自主性。

在设计创作的过程中，强调与功能的关联性与技术的合理性，并遵循切实的功能法则去创造出形体。用尽南向面宽，使得外部资源最优化，内部景观最大化。

建筑立面以白色为主要基调辅以灰色量体，呈现出非常明确的几何姿势，以退缩、错落、叠放形成景观阳台，整体建筑因体量的拉长而具有张扬的偏长感。

建筑的造型设计同时还注重了经济性，立面细部处理都结合平面元素而进行设计，取得丰富的变化。细部处理通过细腻娴熟的手法，小尺度的体量变化，同时结合平面元素而进行设计，利用

楼层间凸窗、阳台、百叶、栏杆等元素来丰富立面的表情。

在狮山原著的庭院里，方寸之间，一步一景，四季流转。五维立体景观，一如颐和园的画中游，从造园开始，便汲取江南古典园林之精髓，呈现苏州园林景观的水景、竹木、亭台、巷弄，传承的是苏州园林骨子里的筑院智慧。

狮山原著从"以人为本"的立体生活空间打造，客厅、餐厅、阳台、庭院，一条纵线，南北通透优雅；浪漫飘窗设计、宽大阳台，270°观景尺度，6开间朝南，保证充足阳光照射；约5.7米黄金分割点挑高地下室，采光井尺度与挑高近乎完美的配合，科学尺度树立苏州别墅新样本。

建筑师团队
徐鹏、徐小康、戚巍、张永鹏、
吴学成、周晨、张欢、侯鑫、
赵宇、朱永林、苑丽华、许阳峰、
查小霞、刘喜桃、崔家齐
设备设计
重庆中机中联工程有限公司
设计周期
2015年—2016年
建造周期
2018年1月—2018年3月
总建筑面积
106,988平方米
主要建造材料
钢筋混凝土
获奖情况
第十三届金盘奖西南赛区年度最佳住宅奖
摄影
施金忠

重庆市，渝北区

重庆龙湖两江新宸云顶

李杰、曾庆华／主创建筑师　上海成执建筑设计有限公司／设计公司

项目位于重庆市渝北区礼嘉街道，东临重庆江北国际机场，南临主城区，西北两端紧靠嘉陵江。

云顶极致表达了现代居住模式，"大隐住朝市，小隐入丘樊"，能够感受"藏于山，隐于市"的自然氛围，营造一座"意境东方、现代人居"的秘境居所。

门庭由中轴线展开，贯穿东西。水面的营造，与建筑相得益彰，充满仪式感。入门见水，取东方临水之哲学，融入风景中。静谧的水院回廊空间，途经风雨连廊的幽径，曲折往复，画意疏影。

"曲径通幽处，禅房草木深"，通过归家的设计语境手法，采用围合式的空间布局，营造自然之境。以建筑、景观融为一体的设计理念，景即是院，院又是景，建筑与景观没有明显的界限，让人无时无刻享受美好的自然气息。

虽为人造景观，但顺应自然，随高就低，蜿蜒曲折而不拘一格，为居住者提供休憩、观赏、游览空间。"人与自然的关系"贯穿其中，通过一步一景，移步换景来体现户外休息与交流的理想空间，"虽由人作，宛自天开"。

统一、均匀、韵律、比例、尺度，是建筑师遵循形式美的原则，强调建筑的整体关系，对经典三段式的比例与尺度精准把控，反复斟酌。

建筑立面使用了重庆独有的地域特征及文化符号，使居住者在情感上得到认同与归属感。抽象复杂的装饰细节，去繁存真，并用模具体现现代工业生产工艺的精致。稳重大方的色彩基调，强调竖向分格与建筑的挺拔线条，在最终效果上追求现代技术和经典比例的和谐统一。

大堂门头处运用石材、金属杆件与干净利落

的玻璃相碰撞，低调有个性，现代有内涵，优雅还有工艺。设计师用心将美贯彻其中，将家变成安放心灵的场所。

架空层为业主提供遮风避雨的公共社交场所，开辟了业主集体生活的"第二客厅"，让邻里情长有了空间载体，也让居住者重温"邻里大院"之情。通过分析社区架空层人群活动状态，注重空间艺术气息营造和空间体验的同时更加强调功能实用性及社区居民的互动性，让生活场景充满更多选择。

以钢结构灵活搭设架空层，便于后期施工、适用及变更穿孔板与玻璃板组合，可拆卸标准化模板，顺应流动的形体曲线进行转折，创作丰富的封闭或半封闭空间。

项目打造近邻消费模式，为了确保居住、商业

两种功能的有效性，用塔楼山墙面与次要空间朝马路布置，避免了沿街对住户的影响。住宅与沿街商业设计与塔楼对应的形体凹凸关系，形成底商与高层间的差异与统一。

运用BIM技术可以直观地反映建筑的三维信息，精确的做到成本控制，保证最好的效果。对问题的提前预判，减少后期施工的误差。能够将工程项目在全生命周期中各个不同阶段的工程信息、过程和资源集成在一个模型中，方便被工程各参与方适用。

居住的真正含义，不是高级材料的堆砌，是高品质生活环境，是美好的生活体验。本项目有8.4米超宽横厅，3.4米层高，无障碍便行设计，最大71米（平均50米）楼间距，其内部尺度用"奢侈"

来形容也不为过，贴心程度真正堪称"走心"二字。

灵活搭配改造空间是设计的点睛之笔，老人房与书房形成豪华套房，双孩套房可单独作为单孩活动套房，儿童套房可改为次卧套房，主卧的阳台也可另做可封闭的主卧书房，佣人房也改为储藏间，形成不同功能的双储藏室。增强了功能舒适、主卧私密、后勤便捷、储物量足一系列优化设计，可最大化享受零遮挡的园林盛景。

"云无心以出岫，鸟倦飞而知还"，没有待人接物般厚重的仪式感，只有归家后的闲适自得。设计师在一定程度上设计了一种生活方式，简约舒适，回归本质。人性的细节设计打造幸福空间，因地制宜，营造出自然纯粹、人文宜居的氛围。

建筑师团队

徐鹏、唐林衡、陈首都、敖翔、
吴学、成葛英、李剑飞、刘泽宇、
张磊、周坤志、候鑫、吴良

设备设计

水石设计

设计周期

2016年4月—2018年

建造周期

2018年1月—2018年9月

总建筑面积

289,215.36平方米

主要建造材料

钢筋混凝土

获奖情况

2017第十一届金盘奖西南赛区最佳预售楼
盘奖

世界华人建筑师协会第六届居住建筑设计
优秀奖

2018-2019 地产设计大奖CREDWARD 居
住项目金奖

2019上海市建筑学会建筑创作奖佳作奖

摄影

三棱镜建筑空间摄影

重庆市，渝北区

重庆龙湖舜山府

李杰 / 主创建筑师　上海成执建筑设计有限公司 / 设计公司

项目位于重庆市两江新区照母山公园星光隧道北出口，重庆主城核心，有较成熟的交通体系，4300 亩照母山森林公园腹地。"山水之城，艺术根骨"是本项目的设计理念，以流线型的极具现代感的建筑形态与照母山的山形水势相呼应、相观望，创造高品质景观社区与自然环境的和谐对话。

本案延续照母山肌理加以梳理，诠释山水意境。在一环一带中诉说悦然与灵气，隐士之居，呼之即出，秉承"三轴六庭"的空间序列感。

"门-庭-院"的递进布局，渗透古典园林建筑的"隐逸美学"。传承家族门仪，阔朗门庭、雅静园林、入户庭院三重显赫规制，一条归家路，移步异景间。远近亲疏的尺度、公共到私密的关系循序演绎，将道路分割的地块用景观连接，形成山体与景观的自然延伸。

外立面设计上引用藏山纳水的设计理念，形态

上舍弃了传统住宅的刚正形象，采用弧形立面设计，将山的刚毅，与水的柔和完美演绎，宛如生长在照母山上的植物一般，充满生命力。建筑立面考究了山的光影变化，流线型的建筑形态带来一种"矛盾"的美，强调的是建筑与资源和生活的结合。形成了地景与人类活动相融合的奇妙场景，在一系列的事物所形成的氛围中创造出了可被感知的空间与建筑实体。建筑比例经过反复的推敲，力求与山体尺度相统一。清透的落地玻璃在自然环境中演绎着另一种建筑环境，两个环境互相穿插，冲破彼此的界限，得景随形，内外一体。

在入户大堂设计中，用精工打造出有"温度"的建筑空间，6 米挑高来营造入户大堂的舒适感，即便是从山水里进入室内，也怡然自得。地面和墙面都是拼花的石材铺就，不会因室内而失了尺度。利用多个架空层、平台、电梯等设计消化场地内的高差。架空层内部设计合理人居场景，绿色和生态的结合，在每一个架空层内规划了与生活功能

相关的场景应用，从而形成一个"微型生活广场"。

"当人类用感情和希望去创造一样东西，那样东西就会被赋予灵魂。" 设计师对于居住人群生活方式的研究，利用空间设计不仅使家庭活动紧密团结，又给予各自私密空间。起居室的比例安排、对空间的正式与非正式程度的感知及入口空间的位置都是设计师在理解人类的生理和心理行为后所确定的。9 米横厅，2 米阳台，弧形转角窗都为居住者提供最佳景观条件。

造园与建筑演绎为"筑园"，在艺术上息息相关串联了历史、自然与建筑。建筑群在自然中谦逊而不自贬，隐逸而不缺席，在原有场地的记忆之上叠加了新建筑的痕迹，亦将成为未来历史上不可或缺的一段记忆。

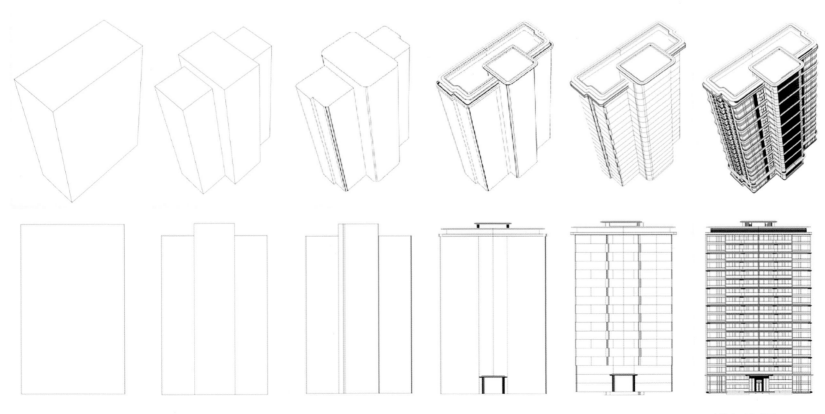

建筑立面生成图

福建省，厦门市

厦门现代服务业基地（丙洲片区）统建区I-9地块

程泰宁、殷建栋 / 主创建筑师　杭州中联筑境建筑设计有限公司 / 设计公司

建筑师团队

祝狄烽、杨涛、张莹、叶茂华、
古振强、林肖寅、何泽平、李嘉蓉、
鲍张丰、刘翔华、江丽华

结构设计

中国联合工程公司

设备设计

中国联合工程公司

设计周期

2015年10月—2016年7月

建造周期

2017年2月—2019年5月

总建筑面积

67,596平方米

工程造价

1.6185亿元人民币

主要建造材料

混凝土、砖、玻璃、铝合金、涂料

摄影

黄临海

厦门现代服务业基地（丙洲片区）统建区位于厦门市同安新城核心区，总规划用地33.3公顷，总建筑面积161万平方米。设计通过人性化尺度的整体把握、模块化的建筑布局、连续的沿街界面的营造、立体化步行系统的构筑，力求将统建区打造成一个集生产、生活、生态于一体的新型服务业基地。同时，通过统建区带动周边的发展，形成一个具有集聚效应、产城一体、充满活力的中心城区。

本项目位于统建区的东南角，为统建区办公人员提供居住配套设施。基地南邻西洲路与丙洲大桥，西接已建成的指挥部大楼，东临滨海旅游路，可远眺同安湾，东南侧优越的环境资源为本项目打造为富有特色的居住建筑提供了先天优势。

总体采用围合、架空的方式，营造出尺度宜人、富有活力的城市空间，延续统建区"街区都市"的设计理念。白色外墙、折线形的立面肌理，贴合鹭岛厦门作为滨海城市的气质。

五栋单体公寓围合成两个1000～1500平方米的内庭空间，单体之间采用连廊连接，方便使用；首层5.7米层高，留出大量的架空开放空间，庭院空间相互渗透，建筑空间与城市空间相互融合，营造出公共开放、尺度宜人、内外交融的新型居住空间。

厦门是海滨城市，立面造型汲取海浪及白鹭的意向，形成折线形的立面形象，错落有致，富有节奏。

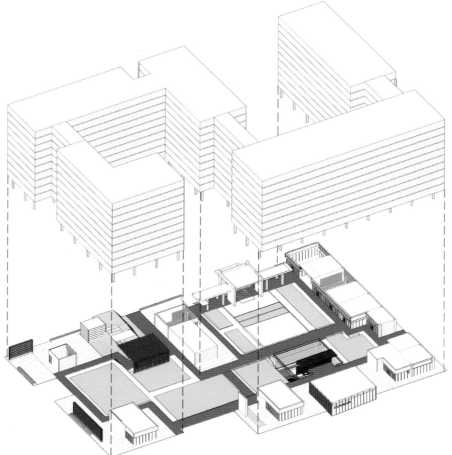

开放空间图

西立面图

北京市，海淀区

中信大厦

罗伯特·维特洛克（Robert Whitlock）、邵韦平、李磊／主创建筑师　KPF事务所、北京建筑设计研究院有限公司、中信建筑设计研究总院、TFP Farrells建筑事务所／设计公司

建筑师团队

罗伯特·维特洛克（Robert Whitlock）、
穆英凯、李磊、Nanthan Wong、
黄漫漫、Yu-cheng Koh、
弗朗茨·普林斯洛（Franz Prinsloo）（KPF
事务所）
邵韦平、吴晨、奚悦、段昌莉、
韩慧卿、陈颖、齐五辉、束伟农、
杨蔚彪、徐宏庆、陈盛、孙成群、
穆晓霞、陈宜
（北京建筑设计研究院有限公司）
结构设计
Arup奥雅纳、
北京市建筑设计研究院有限公司
设备设计
PBA柏诚、北京建筑设计研究院有限公司
设计周期
2011年3月—2016年12月
建造周期
2013年7月—2019年1月
总建筑面积
437，000平方米
工程造价
100亿元人民币
主要建造材料
钢、混凝土、铝合金、玻璃、不锈钢等
获奖情况
2013年"创新杯"最佳BIM建筑设计奖
一等奖
地产设计大奖（2018）优秀奖
最佳中国未来大型建设项目金奖(2018)
GoldAward最佳中国未来大型建设项目金
奖(2018)
CTBUH最佳高层建筑奖（2019）杰出奖
摄影
H.G.Esch、李磊、吴吉明

中信大厦位于北京CBD核心区中部，在距离天安门广场东侧约5千米多的东三环和建国路交叉口的东北处。塔高528米，在CBD和中央公园的核心位置定义了首都天际线新的峰点。

项目用地约1.15公顷。总建筑面积共43.7万平方米，其中包括地上108层，35万平方米；地下8层，8.7万平方米。塔楼主要包括首层大堂上方的七个办公分区、位于第三层的会议中心和顶部的多功能商务中心。高速双轿厢穿梭电梯将位于3区、5区和7区底部的三个空中大堂与首层和B1层大堂相衔接。

中信集团总部将和中信银行总部入驻塔楼顶部和底部的4个分区。其他三个办公分区将吸引中外金融总部类公司入驻。

项目标地成功后，由KPF牵头主持概念调整和深化、方案设计、初设和招标阶段的塔楼外壳体和主要公共空间的内装设计等。KPF对超高层建筑设计有丰富的经验。中信大厦与KPF曾经设计的上海环球金融中心、香港环球贸易广场、广州周大福金融中心和深圳平安金融中心等项目的类似之处在于，这些超高层都担当着塑造城市地标的角色。而中信大厦地处首都，肩负着展现中国文化特征的象征和精神状态的使命。

标地时在TFPFarrells建筑事务所和北京院主持设计的概念方案中，包含了尊形塔身、孔明灯顶冠和古城门入口等中国历史文化元素的设计意向。

KPF在项目概念调整和深化阶段期间，对尊形这一主题做了深入的探索。成果除了与原标地概念方案的收腰形式类似之外，其他方面都截然不同。

　　项目的主要设计挑战是如何以天圆地方的尊形为出发点，创作出既能与首都庄重典雅的气质相和谐，同时又富有现代感和创意的新地标。当时全球已经有两栋建成的内凹弧形塔楼，一栋在中东，另一座是广州电视塔。如继续以具象的造型追求尊形主题显然不会成功。KPF经过对古代尊、觚青铜器艺术的深入解读和长期多方案的推敲，从古代造型艺术中汲取核心理念和手法，形成渐变壳体的设计构架。并在塔楼不同尺度的设计中贯穿和演变应用。其中包括整体体量的塑造、顶底形态的延展和掏切、壳体肌理的收分雕刻、大堂和塔冠空间的室内外连贯演变和巨柱、门斗、把手等细节的动态塑造等。建成效果既对称庄重，统一整体，又舒缓渐变，富有变化和动态。

　　在技术深化设计阶段，中方设计团队积极协同外方设计团队，探讨高精致度实现方案设计初衷的技术途径。在业主的支持下，北京院牵头近30多家专项设计顾问单位，本着整体设计原则和建筑系统化设计思想，构建了完整的数字信息模型体系和PW协同工作管理机制。通过探索适应超高层建筑需求和多团队协同合作的科学工作方法，在超高层结构体系、绿色节能、垂直交通、消防安全、风环境控制、工业装配和模数化设计等多个关键技术的设计研发上实现了有效的设计控制力和执行力，保证了深化设计成果的整合性和精确性。

　　中信大厦落成后已经成为北京首要的标志性塔楼，为北京城市天际线增添了浓墨重彩的一笔，是中国现代化城市中心区向着集约、高效方向发展的历史物证。

建筑师团队
姜宁、陈鑫钢、李合生、佘明松
结构设计
周建龙、李烨、张斌、张蓉
设备设计
姜新华、李云贺、王之馨、韩风鸣、
衣健光、陈晨
设计周期
2013年—2014年
建造周期
2014年—2018年
总建筑面积
10,238.6平方米
主要建造材料
混凝土、钢、玻璃、铝板
获奖情况
上海市建筑学会第六届建筑创作奖优秀奖
2019年度上海市优秀工程勘察设计项目
一等奖
摄影
庄哲

上海市，长宁区

上海园林集团总部办公楼

汪孝安、鲁超 / 主创建筑师　华东建筑设计研究院有限公司华东建筑设计研究总院 / 设计公司

上海园林集团总部办公楼位于上海市长宁区虹桥临空经济园区，基地总用地面积为 3333.2 平方米，基地东西长约 64 米，南北宽约 52 米。

项目用地北侧贴临苗圃，拥有极佳的景观资源，南侧则靠近道路，有一定的外部干扰，设计概念由平衡南北景观差异引发，加之业主本身作为园林行业领军企业，拥有强大的绿化栽植技术及展示需求，设计通过下沉庭院、空间绿化、屋顶花园组成"竖向庭院"，并在花窗立面和空中路径的导引下，与建筑主体有机相连，形成一个层层叠绿且极具中国传统空间意境的生态立体园林，使每个楼层的员工都可以触摸"自然"。

设计以展示上海园林集团独特的企业特征为切入点，将绿化展示技术融入建筑，形成绿色地标。

1. 竖向庭院

竖向庭院犹如一个个景框，成为建筑与城市环境的过渡空间，成为客户体验、员工休憩、企业活动的场所；又展示着园林集团独有的绿化栽植技术，成为对外展示的窗口，建筑现代典雅而又富有中式韵味。

2. 垂直绿化

建筑在竖向营造了一系列的展示空间，包括：下沉庭院、空中平台、屋顶绿化、立面垂直绿化等，这些区域通过布置爬藤、灌木、乔木等不同类型的景观绿植，使员工在不同区域均能感受室内外的绿色，形成层叠的垂直绿化空间。

3. 绿色节能

建筑以被动式节能技术为主，并配置了一系列可视的绿色技术，包括太阳能热水、绿化浇灌、雨水回用、隔音降噪、能源监控等技术，使建筑成为符合国家绿色三星级标准的绿色地标。项目以竖向庭院为主线，以绿色建筑为载体，以绿色建筑的可视化为目标，将绿色概念和技术以视觉化的形式表现出来，成为城市景观和生态地标。

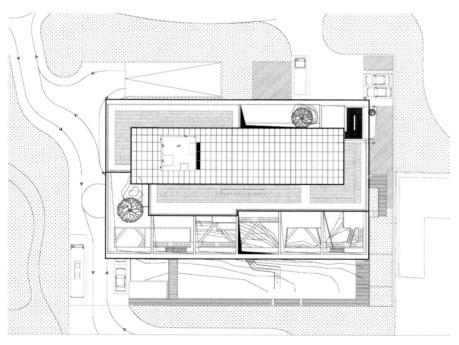

建筑总平面图

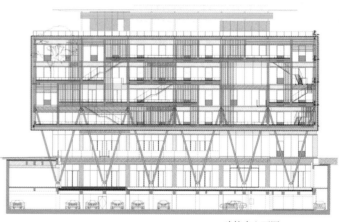

建筑南立面图

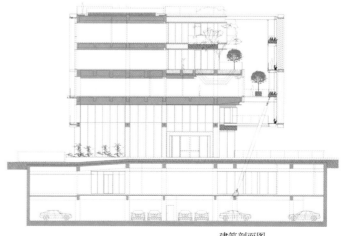

建筑剖面图

建筑师团队
高冉、王爽、龚明杰、华正鑫、赵元博
结构设计
卢清刚、刘永豪、詹延杰、展兴鹏、迟程
设备设计
鲁东阳、张成、谢盟、刘芮辰、
董烨、张彬彬、刘子贺、裴雷、
韩京京、夏子言、田梦
设计周期
2015年8月—2017年3月
建造周期
2017年3月—2019年6月
总建筑面积
78,366平方米
工程造价
3.8129亿元人民币
主要建造材料
钢筋混凝土结构、石材玻璃幕墙
摄影
杨超英

北京市，海淀区

铁科院办公区科研业务用房

叶依谦、薛军 / 主创建筑师　北京市建筑设计研究院有限公司 / 设计公司

项目位于北京市海淀区大柳树路2号院，距离北三环1000米的中国铁道科学研究院办公区内，办公区内需要拆除部分现状建筑，新建本项目以满足科研和办公需要。项目共分三栋建筑，总建筑面积78，366平方米，建筑高度30米，地上6～8层、地下2～3层。

设计理念一：整合院区规划，塑造院区形象。设计充分尊重院区布局特征，在院区整体规划打造了横纵两条轴线的基础上规划了本次的三栋建筑。建筑设计重新塑造了院区的空间环境秩序。建成后1号楼作为产品认证检测试验基地，2号楼作为科研试验基地，3号楼作为产品研发、测试基地。

设计理念二：内部空间舒适，外部环境宜人。建筑造型稳重大气，体现了中国铁路行业最高院府的科研形象。1号、2号楼采用工字型平面布局，

主要使用房间位于核心筒的南北两侧，中部为建筑亮点的通高采光中庭。立面营造出现代简洁的建筑形象，整体风格与铁科院高端科研机构的形象相符合。3号楼沿院区主轴北侧边界相对齐，立面风格与1号、2号建筑相协调，形成统一的院区建筑界面。建筑外部环境整体设计，人、环境、建筑整体协调共生。

设计理念三：生态适宜技术，人性研发环境。建筑设计结合生态技术，融入绿色环保理念，营造出人性化舒适的现代研发办公环境。

设计难点及解决方式：在现有院区环境中如何塑造现代科研建筑的整体性，项目发挥sketchup三维可视化以及BIM信息数据强大的优势，完整的3D模型数据比传统2D图纸更直观更形象，极大地节省了设计方与施工方的沟通时间成本。设计将REVIT模型与ECOTECT绿色建筑

计算软件结合，进行大厅模拟光环境等，为建筑的绿色环保设计注入量化数据依据，让建筑更加舒适人性化。

通高中庭空间不仅是本建筑的亮点，也是工程设计的难点，结构屋面采光顶采用张弦梁结构，中庭尺寸33.6米x13.8米x31.5米，构件简洁、尺度合理，体现了结构和建筑的有机结合。

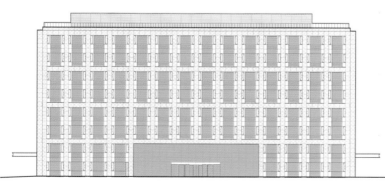

2 号楼北立面图

2 号楼西立面图

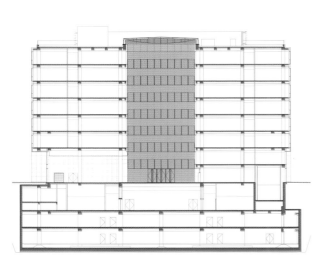

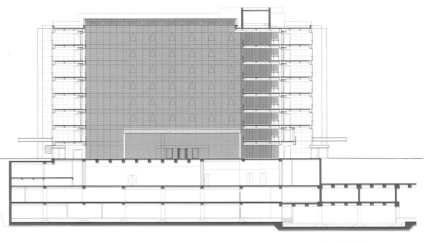

2 号楼剖面图

江苏省，常熟市

常熟中利电子信息科技总部办公楼

王兴田／主创建筑师　日兴设计·上海兴田建筑工程设计事务所（普通合伙）／设计公司

建筑师团队

李宪辉、杜明波、杜富存、徐新慧、赫建欣、李继文

结构设计

史佰通、何伟、樊荣

设备设计

马菲菲、郭星、陈伟、夏新凤、倪臻善、张健

设计周期

2014年10月—2015年7月

建造周期

2016年5月—2018年6月

总建筑面积

3,168 平方米

工程造价

1425.6万元人民币

主要建造材料

混凝土、钢、玻璃、光伏板

获奖情况

第三届REARD地产星设计大奖金奖

摄影

Rh+c 黄金荣

基地临近常熟沙家浜景区，这里是典型的江南水乡景色。业主是常熟最大的光伏制造企业，企业目标是：使太阳能成为绿色可持续未来的中流砥柱。建筑师受到了一定的激励和启发并与业主达成共识：建造一个真正的绿色生态总部，才是对企业文化的最好尊重。

建筑师希望采用一些被动式的节能措施，以简单易行的技术运用，适合地域气候特征的低成本构造方式，建造一个富有生命力的低能耗建筑。PV 板产生的绿色再生能源，作为建筑消耗能源的部分补充。建筑采用的 RC 结构，内部的大空间可以灵活使用，在建筑功能需要调整时，也具有可变性，可以延长建筑的使用寿命，减少资源的浪费。

建筑采用了南北向的一字形布局，这种建筑形体紧凑、高效，在减少建筑外表面积的同时增加了空间的使用效率。首层，只保留了门厅和餐厅，形成了大空间的无柱架空层，加强了场地的通风。四层、屋顶花园，这里视野开阔，远处连绵的水系和自然村落尽收眼底。夏季吸收太阳辐射，降低了空调负荷；冬季，屋顶绿化和土壤增加了保温效果，降低了建筑能耗。平面，自由的布局方式，圆形大厅四层通高，与架空首层一起形成立体通风系统。主体，PV 板生态节能立面设计，既是高效的发电系统，又形成了别具风格的立面效果。

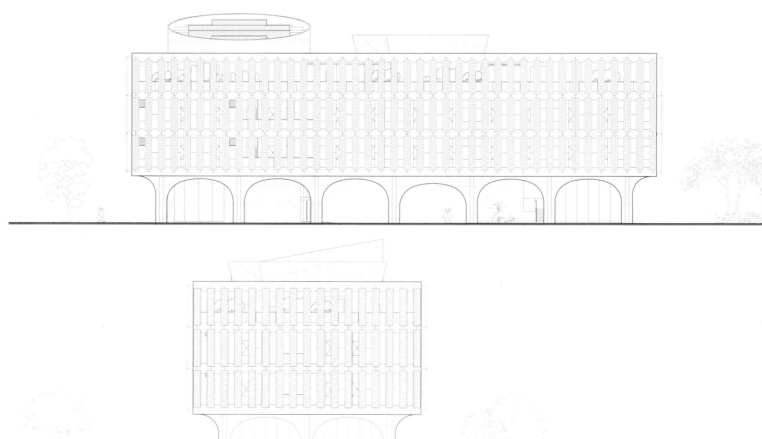

立面图

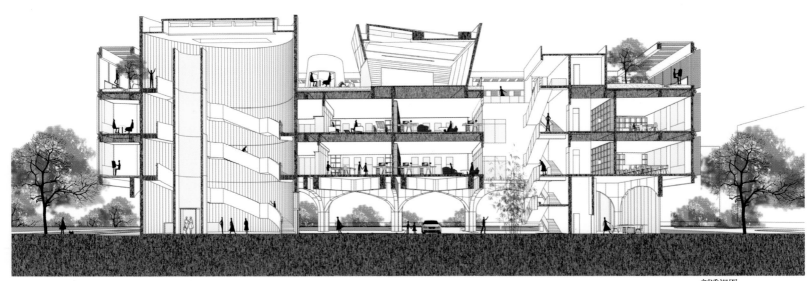

剖透视图

万科延安西路1262号地块工程（上生新所项目）

汪孝安、蔡晖／主创建筑师　华东建筑设计研究院有限公司华东建筑设计研究总院、荷兰大都会建筑事务所（OMA）（方案）／设计公司

建筑师团队

许一凡、宿新宝、吴蕾、吴欢瑜、陈佩女、闵欣、苏萍、王天宇、申童、朱杭、葛节华、王吉祥、周琰、刘洋、伍沙

结构设计

何文哲、沈忠贤、郝泽春、张喆、谢磊磊、李方涛

设备设计

常谦翔、江涛、包昀毅、郑君浩、任怡旻、赵强强、赵竟博、杨骁艺、杨立、俞嘉青、温扬、郭惠、朱安辉、赵丽花

设计周期

2016年—2018年

建造周期

2016年—2018年

总建筑面积

25,200平方米（项目一期）

工程造价

2亿元人民币

主要建造材料

涂料、瓷砖、水刷石、花岗岩、不锈钢、GRC板、玻璃幕墙

摄影

华东建筑设计研究院有限公司

1924年，普益地产在安和寺路（今新华路）和哥伦比亚路（今番禺路）周边进行统一开发，项目被命名为"Columbia Circle(哥伦比亚生活圈)"。同年建成的美国乡村俱乐部即哥伦比亚俱乐部是其中的灵魂建筑，由美国建筑师艾利奥特·哈扎德（Elliott Hazzard）设计。彼时最负盛名的匈牙利籍建筑师邬达克（Laszlo Hudec）也被普益地产聘为总建筑师，替该项目设计花园别墅。1931年，邬达克在此建立了自宅，包括别墅本身和周边的花园，不久低价出让给孙科，即现在的孙科别墅。新中国成立后，上述地块由当时卫生部下属国药集团子公司——上海生物制品研究所接收并使用至今，主要建筑功能为科研办公、实验室、厂房仓库及配套食堂。

2016年8月底，上海万科进驻上生所，通过历史风貌保护、功能更新改造提升地块品质，力图打造历史与现代交融的城市活力新街区，并将其命名为"上生新所"，现在已成为上海网红地之一。

项目总用地面积47,364平方米，通过城市更新转型，原来的教育科研用地调整为商业、办公和社区公共服务设施用地。更新前建筑面积32,715平方米，更新后为47,364平方米，包括保留修缮3栋历史建筑，保留更新12栋工业建筑，新建多层建筑4栋。

整个上生新所项目分二期实施，一期为历史建筑修缮和既有建筑更新，位于地块的北半侧，已于

2018 年 5 月开业，由华建集团华东建筑设计研究总院（ECADI）与荷兰大都会建筑事务所（OMA）合作开展设计。建筑面积约 2.3 万平方米，其中麻腮风生产楼高度 36.1 米，位于整个园区中心，是唯一一栋高层建筑。其他建筑均为 1～5 层的多层建筑。多层建筑延续着一层商业、二层以上办公的传统布局模式；低层建筑整栋均为商业。

既有建筑的原始状态决定着城市更新干预度的轻重不一。设计团队对于历史建筑选择尽量减少干预，保留建筑原有的形态和格局，然后在内部装饰上进行一定的创意设计。例如，由原培养基蒸锅间改造的秀场和游泳池组合建筑成为一个成功的商业场地，各种大牌时尚秀经常在此举行。对于工业和科研建筑，更新的弹性较大。部分原有建筑质量较好，采取了保留主要立面、局部改变的干预措施。而另一些建筑原有的功能和风貌已不再适合办公商业空间的塑造，设计采取了较大的干预手法，建筑内外更新力度加大，空间格局改造成适合商业运营的灵活空间。

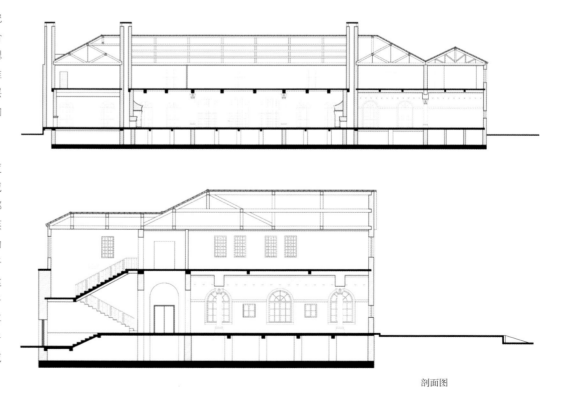

剖面图

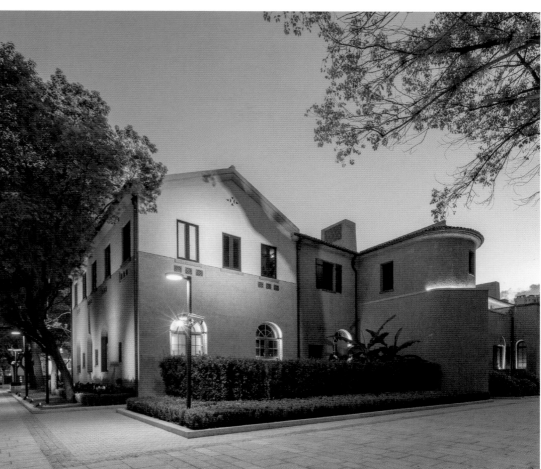

広东省，珠海市

港珠澳大桥
珠海口岸办公区

郭建祥、向上 / 主创建筑师　华东建筑设计研究院有限公司华东建筑设计研究总院 / 设计公司

建筑师团队

张今彦、张光伟、朱仪洁、常青、
高心怡、崔赟、唐北麟

结构设计

陈锴、张耀康、陆屹、舒睿彬

设备设计

陆燕、王伟宏、吴玲红、高玉岭、
印骏、孙扬才、叶晓翠、许栋

设计周期

2012年—2016年

建造周期

2016年—2018年

总建筑面积

59,261平方米

主要建造材料

钢筋混凝土、玻璃、铝合金板

获奖情况

Gooood网2018年度全球十佳办公建筑

摄影

邵峰

项目概况

珠海口岸办公区是港珠澳大桥超级工程群的西端起点，是粤澳分界线上的国门边哨，是全国首个口岸人工岛上多部门集约共享的非现场办公 / 指挥 / 报关报检大型综合体。

亮点一：热带人工岛 绿色大集成—气候适应造价控制

遵循气候适应性的设计理念与低成本策略，立足于亚热带人工岛的环境特征，设计综合运用天井拔风、高天窗导光、建筑形体自遮阳、控制玻璃墙比、架空导风、绿井排风、立体建设遮蔽地面停车等多种低技策略，是夏热冬暖地区滨海办公建筑的绿色技术集成示范。

风

办公区标准层平面采用经典的南北朝向，有利于形成南北对流。小隔间办公，看似传统，实则适应机关办公需求。

看似平淡规整的标准层，设计内藏一个尺度得宜的天井，热压拔风，既避免阳光直射又在建筑深处引入自然采光通风，还解决了疏散走道的自然排烟，既成为景观电梯厅的生动对景，又在繁忙喧闹的口岸枢纽里创造了内向静谧的精神场所，造价低，效果好，是充分适应当地气候的设计智慧。

光

为解决大进深空间的自然采光通风，申报厅的中央，是一组造型别致的帆形天窗，剖面比例又窄又深，通过多次反射引入自然光，避免直射和眩光，恰好照亮大厅中央的填单区。如果说办公区是四个身着海魂衫的边哨水兵，帆形天窗就是水兵手中的嘹亮号角。

影

设计将遮阳需求同造型设计有机统一，探索形体遮阳的艺术表现力。看那盘旋而上的悬挑露台，看那裙房西侧内凹的工作连廊，看那标志性的三角母题窗，既创造了丰富的光影，又增强了规整

体量的立面层次。

玻

亚热带的特点是其夏季与热带相似，但冬季又明显比热带冷；立面设计坚持控制合理的玻墙比，避免全玻璃幕墙在保温隔热和光污染方面的不足，又创造了虚实相生、蓝白相间、海波荡漾的立面语言。

透

口岸办公区成功经受住了2017年"天鸽"、2018年"山竹"等多次特大台风的灾难级考验。设计之初，就结合人工岛制高点的场地条件和体量特征，采用"造型圆润、体量通透"的策略，裙房整体架空，高层四角圆弧，既便于狂风穿越，减小正面风阻，又便于夏季散热，增加遮阴空间。

排

地下车库，沿出入口坡道、地库环形主车道和联系旅检区的工作通道布置采光排风天井，引入自然采光通风，显著提高行车安全性和方位辨识度。

遮

在非现场综合报关报检厅配套建设的验车场，设计打破往常口岸大片地面停车的消极景观，采用底层架空验车、上层通高大厅、土地立体利用的方法，显著提高停车验车的舒适度。

亮点二：国门新形象 最美四边哨—类型突破本土原创

作为行政建筑，她勇于打破机关府衙的刻板形象，既端庄持重又气韵不凡。

作为口岸建筑，她为口岸类型引入了建筑艺术的新创造、新突破。

作为"边境"建筑，她是港珠澳大桥的最美边哨，是新时期的滨海国门，极大地增强了通关旅客的民族自豪感和文化自信力。

景观焦点

珠海口岸办公区，位于港珠澳大桥超级工程群的西端起点，地处珠澳人工岛景观序列的关键位置，既是珠海情侣路和澳门新填海区的隔海对景，又是珠海连接线和澳门连接线的第一印象。

布局严整

结合用地狭长的特点，四栋高层由南向北一字排开，体量齐整轻盈，干净利落。

弧角拔柱

严整的布局，既不能遮挡活泼轻松的滨海情调，更不能成为国门形象呆板乏味的理由；设计在建筑形态和表皮上动了不少脑筋，既与主体协调，又体现大海的元素。四栋高层建筑的角部被处理成圆弧形，去除角柱。

露台盘旋

高层主体设置内凹转角阳台，并逐层错位盘旋而上，造型变得丰富有趣。办公楼的标准层也因为有了转角阳台，从而能够从半室外空间鸟瞰周边海景与大桥雄姿，提升了人性化的办公品质。

表皮虚实

建筑表皮运用玻璃和铝板两种材料，蓝和白两种色彩，虚和实两种语汇，在严谨的体量中形成强烈的对比，给人留下深刻印象。

镜像起伏

设计还利用逐层镜像、交错斜列的窗间墙，强化了虚实的对比；强烈构图中对比的双方此起彼伏，生动中又见统一。

锯齿变幻

上下层锯齿窗顺时针与逆时针变换排列方向，产生交错的光影，最终塑造了海波荡漾的戏剧化构图。在锯齿窗的设计中，正面的玻璃板块确保了立面的纯净，侧面的铝板，才是可开启的通风窗。

亮点三：空间地域化 细部人性化—语汇朴实格调高雅

坚持地域化、人性化的设计理念，设计成功塑造了一系列得体的空间节点：语汇朴实、格调高雅的非现场报关大厅；多视角观察的联合指挥中心；天井庭院和露台海景交融渗透的机关办公平台。

结合设计总包的工作模式，建筑师直接完成了全部的室内设计，位于裙房的非现场综合报关报检厅是空间表现的重点：净高7米的大厅里，填单区、等候区、申报席、开放办公区，由外至内的流程序列，被演绎为中心发散式的平面布局。在这个布局的中心，是高企的帆形天窗。申报办公区与公众等候区做了不同的净高处理，分界处的高差采用下挂式穿孔铝板帷幕遮挡，帷幕的设计再次呼应了锯齿形单元窗的设计母题，整个大厅空间流畅舒展，明快雅致。

申报大厅东西通透，东侧的口岸景观和西侧的澳门海景，均可一览无余，这样通透的格局也正好迎向人工岛的主导风向，有利于过渡季的自然通风。

口岸联合指挥中心坐落于办公区3号楼顶层，是口岸制高点，视野开阔。

在口岸联合指挥室内，我们可以通过大屏幕调阅监控画面，可以直接观摩沙盘，也可以转身俯瞰口岸实景。我们还可以登上屋面巡视廊，既能远眺旅检区，又能透过侧高窗反向查看大屏幕和沙盘。

亮点四：行政综合体 布局大智慧—使命光荣效益显著

口岸办公区既要为不同部门统筹建设非现场综合报关报检厅、口岸指挥中心、地下车库和设备机房，又要为三大联检机关和珠海市派驻单位分别独立配套：办公模块、会议模块、专项弱电机房模块、生活配套模块，共计15种功能。最终设计布局，实现了日照均好，景观均好，间距均好。

按照内外分流、动静分区的原则，各大机关的主入口、内部工作地库的出入口和对外开放的非现场综合报关报检厅出入口，分散在场地的不同方向，出入流线互不交叉。非现场综合报关报检厅，申报人员从东侧进入，工作人员通过西侧海景通道连通至各楼内部电梯厅。

整体布局既要注重不同部门均好性，又要结合部门工作特点，提供便利性。海关需要与货检场联系密切，所以布置在最北边，可直接通过地下工作通道，直达旅检区和出入境货检区。边检直接坐落在粤澳分界线上，便于直接进入口岸巡逻道，直通限定区。

建筑师团队
倪晨昊、刘林、郑思宇、施捷雨
结构设计
上海爱建建筑设计院
设备设计
张晨露（照明设计）
上海爱建建筑设计院（机电设计）
设计周期
2017年9月—2018年2月
建造周期
2018年2月—2019年1月
总建筑面积
2,800 平方米
工程造价
约900万元人民币
主要建造材料
GRC、铝板、钢结构、涂料
摄影
苏圣亮

上海市，静安区

上海静安商楼建筑更新

张朔炯／主创建筑师　ArchUnits一栋设计工作室／设计公司

　　上海静安商楼位于上海市中心、前法租界区域的边界地带，是一栋建造于1990年的办公楼。虽然建筑本身并非历史建筑，但它被葱郁的香樟树和绵延的花园里弄住宅环绕，周围平和而沉静。如何让这栋近30年的建筑更好地融入历史风貌区的气质是这次改造设计的重要前提。此外，如何将传统拥挤逼仄的办公空间改造成新时代开放共享的具有社区感的办公空间，则是设计的另一命题。

　　出于对周边历史风貌区尊重，设计师从设计策略上选择不改变原有建筑轮廓和主体结构。面向华山路的一大片混凝土实墙是原建筑的制高点，且一直被视为此建筑的辨识标志。它被保留了下来，并且成为了设计的起点。由这面墙展开，借鉴几何拓扑的一些技术，设计师通过关键部位的一些曲面塑形重构了外墙面的形态关系。以局部带动整体，缓和了原来生硬的建筑边界，从而"柔化"了整栋大楼的视觉观感，使得建筑面向周边历史街区的气场更加柔和。

　　立面材质的虚实层次也进一步丰富：既有高墙为实；半实半虚的竖向格栅提供西晒遮阳，从而获得更均匀的办公光线环境；两者之间，留出了透明的缝隙，这一缝隙对应着室内的中庭，将室外的阳光和树影带入室内。丰富的透气层次感削弱了建筑的体积感，也减轻了对周围老房子的压迫感。

　　在室内，设计师则大刀阔斧地使用减法。克制的材质使用和简洁的边界突出了贯穿四层的中庭的空间感。这一中庭空间也如实映射了外部立面，制造了密切的内外关联性。这使得整栋建筑有了一个面积虽小但名副其实的空间中心，人员、阳光、空气、交流都围绕此密切展开。

　　在中庭中，设计师将楼梯打造成具有雕塑感的空间装置，成为空间的焦点。楼梯逐层盘旋舞动，创造一个独属的中庭形象，吸引更多的人使用中庭，激励交流的密度，起到了画龙点睛的作用。

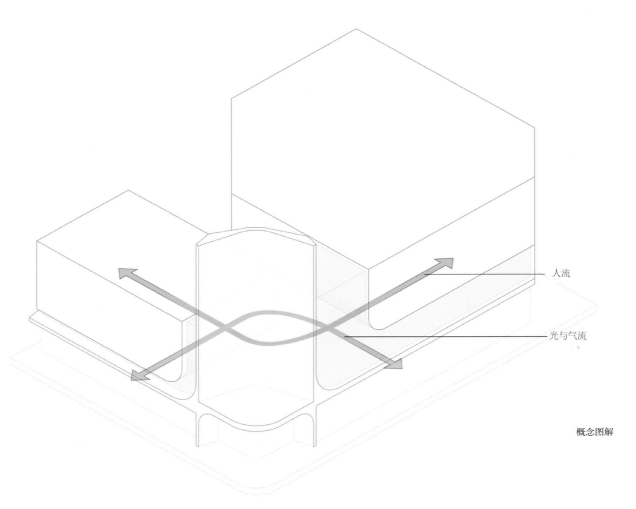

概念图解

建筑师团队
程章、张爽、王专、李真真、
任志凯、武勇、梁军成、王伯荣、
杨金生、田睿、张霄、李博、
汪子媛、王哲、汪卉、
刘光青、董月洪、殷德富、野光明、乔斐
结构设计
于芮、于新、杨猛、唐磊、
柳海霞、袁士伟、赵毅强、辛海光
设备设计
聂亚飞、文柳、贾晓婧、张志刚、
李妍、周波、王新亚、王英豪、张锡虎
设计周期
2015年10月—2016年10月
建造周期
2016年10月—2018年10月
总建筑面积
217,300平方米
工程造价
7亿元人民币
主要建造材料
石材、铝板
获奖情况
2016年第13届精瑞科学技术奖可持续社区
金奖
摄影
三乘二摄影

北京市，海淀区

中关村集成电路设计园

许晓冬／主创建筑师　北京墨臣建筑设计事务所（总体规划、方案设计、施工图）、易兰设计（景观设计）、北京市建筑装饰设计院有限公司、中国建筑装饰集团有限公司（室内设计）／设计公司

"我们试图探索一种适用于现代人生活方式的交流空间，它是一种尺度适宜，让人们行进其中，自由而不失目的性的场所。"

——许晓冬
北京墨臣建筑设计事务所副总建筑师

从多方诉求看园区未来

1. 园区·城市

中关村集成电路设计园项目位于北五环外，与中关村壹号隔路相望。园区意在打造供集成电路设计相关行业使用的专项园区，该项目具有落实北京作为国家京津冀发展战略中"科技创新中心"地位的重任。

2. 园区·业主

业主方希望该产业园能够成为吸引全球集成电路资源的世界一流专业园区，聚集集成电路相关行业大中小型企业，打造全生命周期的园区环境。更为重要的是园区能区别于以往产业园尺度开阔、疏于沟通的形象，以一种适用于 IC 人群交流的场所，来营造具有人情味的园区氛围。

3. 园区·使用者

经过对 IC 群体的调研我们发现，IC 人群多为 30～40 岁的中青年，性格偏保守，但因为工作原因他们需要经常与业内人士进行交流探讨，而由于时常探讨技术性问题，他们所需要的交流空间并不全是完全开放的公共社交场所，而是具备一定私密性的社交空间。

用从事芯片研发设计 16 年的老牌 IC 男老刘的话说，这种交流空间"像芯片一样，汇集了多种功能组件，能够即时发生联系，而又互不干扰"。

探索适用于项目本身的交流场所

如何打造适用于 IC 人群"即时发生联系，而又互不干扰"的交流场所成了本案研究的重点。

1. 如何做到"即时发生联系"的交流？

IC 精英们的日常交流方式与当代白领阶层相同，有效的交流空间多为社交性场所，所以更多地营造非正式的、自由的交流场所是设计的要点。

如何让这种非正式、自由的交流场所具备"即时"性？我们用联合办公空间和传统写字楼的交流动线来分析这个问题。

联合办公和传统写字楼都为人们提供了相对稳定的工作环境，但人们更喜欢在联合办公环境下进行沟通和交谈，原因就是它的功能丰富、流线自由，通达性好；而传统的写字楼共享空间缺乏，动线较单一，楼层通达性也不够完善，因此难以吸引更多的人在此交流。

所以，想要做到"即时发生联系"的交流，就需要营造具备丰富流线和开放通达性的非正式、自由的交流场所。

2. 如何做到"互不干扰"的交流？

IC人群之间的工作交流限于业内，不希望被外界打扰。因此，就需要在园区中为IC人群创建一个专属的非正式交流空间。同时，园区也要有足够的交流空间留给城市和公众。

经过多方研究和综合考量，许晓冬提议用一种"多维交互"的新型空间模式，让园区的交流环境分出层级和属性，呈现出既交互又不干扰的立体空间。

怎样打造"多维交互"空间？

设计从大规划上把园区进行功能区块的梳理和拆解，规划以"一心、两园、三轴"的模式划分出具有层次感的布局，"多维交互"空间就将在园区的核心区"一心"处进行深入设计。

项目在核心区进行了空间的立体分割，通过"云、谷、地"等多个维度的分层，将园区尺度变小。同时各层面不同属性的划分也为IC人群创造了专属的交流场所。

1. 云

设计将中心区高层底部架空以"云"相连，形成位于空中连续的平面流线。这个平面将高层办公楼密切相连，为人们提供便捷交流的平台。云台区域仅对园区内部人员开放，具有半封闭半开放的属性，增加员工交流机会的同时又能塑造不被打扰的空间环境。

云台上的屋顶花园是位于空中的又一平面流线，在此区域布置健身跑道、休闲区域、智能互动场景等功能。

2. 谷

下沉庭院位于云台下方，与云台呼应成"谷"，形成位于地下维度的平面流线。以宜人的小尺度设计出丰富的庭院布局，流线曲折，别有意趣。该空间对公众开放，以更为主动的姿态刺激人流联动。

3. 地

地面空间以城市界面为主，是位于空中云台和下沉庭院之间的又一平面流线。该空间面向城市，具有汇集人群、疏导流线的作用。

"云、谷、地"多层级的、立体的"多维交互"

环境，充分挖掘专业园的聚集优势，通过1+1 > 2的模式提升了园区活力。

取IC元素，塑"芯片"级建筑形态

项目依据IC人性格特点，整体上给人以方正、严谨的空间感受，立面上将"芯片"的工艺美感引入其中，采用透射率较高的玻璃幕墙体系，局部点缀米色石材，通过错拼手法体现出IC产业的科技感，局部裙房采用圆角处理，将界面变得柔和而连续，与平台的联系更为融洽。

符合IC人办公特点的生态系统

在生态环境上，项目整体设计考虑可持续发展设计要求，从节能、节水、节地、节材与舒适的室内环境策略入手，进行深入设计。目前园区已通过绿建二星、三星认证及"LEED CS"金级认证。

结束语

中关村集成电路设计园是一场针对"IC人群"展开的建筑探索，这种探索以人为出发点，带入性地感受他们所需的交流环境，切实地创造出真正适用于IC人群的产业园区。

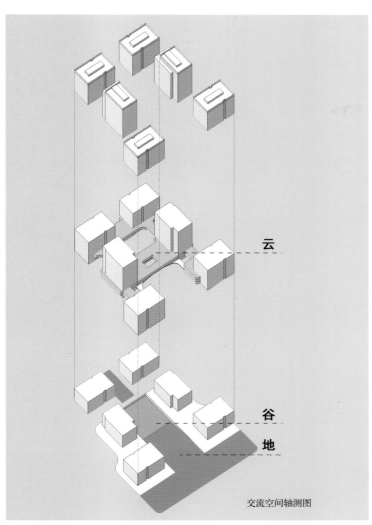

云

谷
地

交流空间轴测图

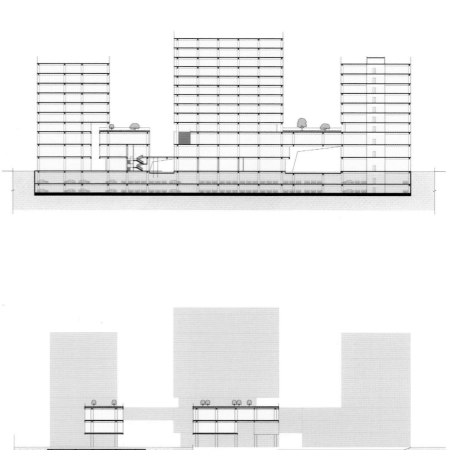

剖面图

建筑师团队

孙耀磊、刘晓晨、梁昊、王槟

结构设计

徐东、高金

设备设计

陈浩华、朱玲

设计周期

2014年11月—2016年5月

建造周期

2016年5月—2018年6月

总建筑面积

25,940平方米

工程造价

1.4102亿元人民币

主要建造材料

外立面铝板

摄影

王祥东

北京市，海淀区

北京市自来水集团供水抢险中心

李亦农／主创建筑师　北京市建筑设计研究院有限公司／设计公司

本项目位于北京市海淀区四季青乡曙光防灾教育公园西侧自来水水源井北侧，项目总建设用地面积12,200平方米。用地东临原第一历史档案馆用地，西临四季青二手车市场，南临市自来水水源井院用地，北临规划汽配城南街。

本项目是为抢险大队日常使用，主要功能组成要为抢险指挥和平时抢险工作服务。除办公、住宿等功能外，本项目内需停放抢险救援所必需的工程车辆，其中大量存在"大中型、轻型"等不同于普通轿车的特种车辆，对其停放方式，各类通行要求等技术问题，在设计上须做出足够的考量。

60年前，柯布西耶在法国设计了马赛公寓，践行着自己提出的"底层架空、屋顶平台、自由平面、自由立面"的现代建筑理念。引领了现代建筑空间和结构体系的革命。

60年后，2014年，BIAD6A8工作室开始负责北京市自来水集团供水抢险中心的设计工作，受场地的局限和甲方对功能的需求，我们同样提出了"底层架空、屋顶平台、人车分流"的设计理念，在有限的土地上，为办公人员、为抢险车辆营造了一个集约且高效的场所，这个场所功能复杂，但带来了空间上的丰富，而丰富多变的内部空间向外延续，就自然形成了独一无二的立面。这个项目最终建成后所呈现出来的，没有任何装饰性的语言，一切形式全部都是源于内部空间的需要。我们认为这样的建筑是美好的，更是契合实际需要的。

北京市自来水集团供水抢险中心担负着整个核心城区的自来水管网抢险任务，随着城市的扩张，原有的场地早已不能满足需求，2015年，在北京西四环四季青桥附近，开始建设全新的抢险指挥中心。

建筑地上部分共有六层，按不同属性的功能垂直分区，一切以抢险指挥的职能为核心，同时兼顾多样的需求。

首层定义为抢险层，只保留入口大堂、调度指挥中心及垂直交通出入口，其余部分全部架空，用以停放22台大型抢险车辆，保证车辆能以最快的速度奔赴险情现场。首层在交通组织上实现人车分流，西部为抢险车流线，东部为步行人员流线，两股流线互不交叉，安全高效。

三至六层定义为办公备勤层，需要保证安静、高效与私密，与首二层在空间上完全隔离，只通过电梯及楼梯相连接。功能房间沿北侧和南侧布置，中部设置天光中庭，围绕中庭设置交通、附属及休闲空间，可实现通风与采光，营造自然、明亮的氛围。中部附属空间的立面采用灰色砖墙，呼应北京自来水集团悠久的历史文脉。

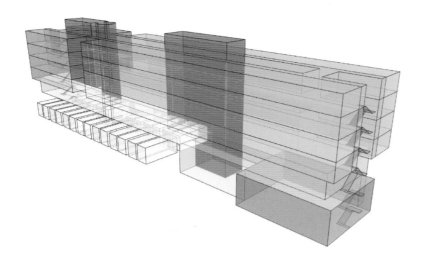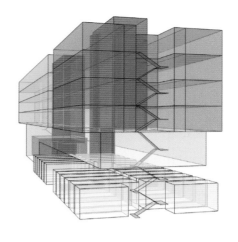

功能分析图

办公　　　　备勤　　　　垂直交通　　　　入口大厅、指挥中心　　　　公共服务层　　　　首层停车

在二层设置公共活动层，同时也是办公与抢险功能的隔离层，包括餐厅、会议、公共活动及浴室等空间。二层和首层入口大堂通过吹拔相连通。

屋顶除了设备机房外，还利用有限条件，设计了人员活动空间，人们在此可以远眺西山。

建筑东西两端设计了室外楼梯和平台，满足消防及排烟规范要求的同时也为使用者提供了宝贵的户外休闲的空间。 室外楼梯也同样反映在了外立面上，活跃了建筑的长方体造型。

外立面设计充分尊重内部功能，首层架空，采用连续的白色铝板作为主要的立面元素，铝板根据车库、入口、指挥中心的不同性质进行变化，比如车库上方为悬挑的雨罩，在指挥中心部分则是从底到顶围合的形式。三至六层为深灰色铝板，按模数设计了飘窗与外悬窗。

二层全部为玻璃幕墙，而且配合室内空间向内侧退，也凸显了其他两部分的建筑体量。

北京市，东城区

鼓楼7号院

庄子玉、李娜／主创建筑师　德阁建筑设计咨询（北京）有限公司／设计公司

建筑师团队
刘毅、Fabian Wieser、张世峰、陈冬冬、柴文璞(实习生)、李晓旭(实习生)、王冕(实习生)、黄俊雅(实习生)

设计周期
2015年

建造周期
2018年

总建筑面积
200平方米

工程造价
20万元人民币

获奖情况
意大利A'银奖
意大利THE PLAN特别提名奖

摄影
苏圣亮、张辉、RSAA

此项目将一座临近北京老城传承600年之制高点——钟鼓楼的老四合院改造成了新的办公空间。

最初的设计目的是在满足建筑事务所办公需求的同时，创造一种无时效的空间语汇以及对周遭空间文脉特征的引入和吸纳。因此，此次改造的方式被组织成了四个阶段：

1. 以传统的工艺恢复／展示一些建筑的原有部分；

2. 在此基础之上，植入一个"无时效的箱体"作为新生功能和空间的"发生器"；

3. 在新的空间格局之下，重新处理内外一系列空间界面；

4. 在新的界面串联之下产生新的立体的空间序列。

为达成上述目的，在清除了部分原有不必要的装饰面并将原有的古建结构暴露出来后，庄子玉和其团队在原有的工字型院落中置入了一个自承重结构体系的玻璃体块，将北房、东房、西房作为连续空间联系起来，以获得更高的办公效率。

它的意义在于把中国传统屋面从类型学上的空间体验中进行了拓展。传统屋面，不论是故宫，还是钟鼓楼，以及早期中国的坡屋面的形式，都不具备人在其上的空间活动性，新的屋面的改造，将中国传统屋面的活动可能性进一步前推，使它变成了我们做活动，或者是参与到其中的一个活动平台、屋顶平台和活动空间。之前说屋顶变成了一个放模型的地方，现在它不仅仅是放模型的地方，而是一个活动空间，一个可以展示模型，也可以是活动使用的一个空间。在中国，屋顶从未被用作活动空间之前，强调建筑的重要性或等级只是一个象征性的事情。在屋顶的类型学上的演变与翻新之后，目前它成了一个活动空间，在屋顶上展示设计模型的同时，它成了一个举办研讨会，烧烤派对和其他活动的地方，在春季和秋季频繁使用。

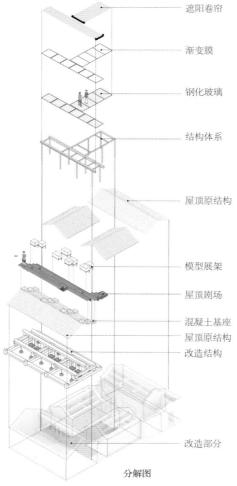

遮阳卷帘

渐变膜

钢化玻璃

结构体系

屋顶原结构

模型展架

屋顶剧场

混凝土基座
屋顶原结构
改造结构

改造部分

分解图

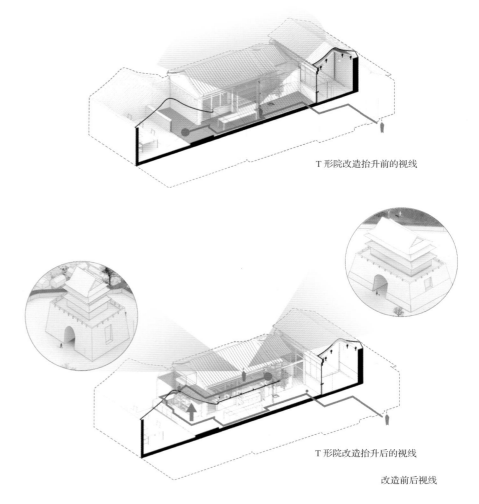

T形院改造抬升前的视线

T形院改造抬升后的视线

改造前后视线

北京市，东城区

中粮置地广场

Skidmore, Owings & Merrill LLP建筑事务所 / 设计公司

建造周期
2018年
总建筑面积
7592.50平方米
获奖情况
2019年城市土地研究所（ULI）组织的全球
卓越大赛奖亚太卓越奖
摄影
Skidmore, Owings & Merrill LLP建筑事
务所

中粮置地广场是中国最大的食品公司的新办公大楼。该建筑位于北京地坛大门旁，由两座塔楼组成，两座塔楼由一个13层的玻璃中庭相连，作为主入口和焦点。

将玻璃和石墙相结合，将建筑环绕并构成框架，干净、现代的建筑设计为北京安定门外大街创造了一个平静和永恒的补充，同时显得开放和欢迎公众。玻璃中庭在地面的舒适空间和上面的办公室之间形成了一种连续的关系。它的西面是城市，

东面是茂盛的公园，是邻近的清朝寺庙。在晚上，中庭会发光，成为街道上可见的标志。

考虑到它丰富的文化环境和物质环境，这个建筑群的高度逐渐向地坛的入口延伸。平台屋顶上的梯田花园可以看到寺庙和公园。中粮置地广场的节能设计瞄准了LEED金级认证和中国的三星认证。

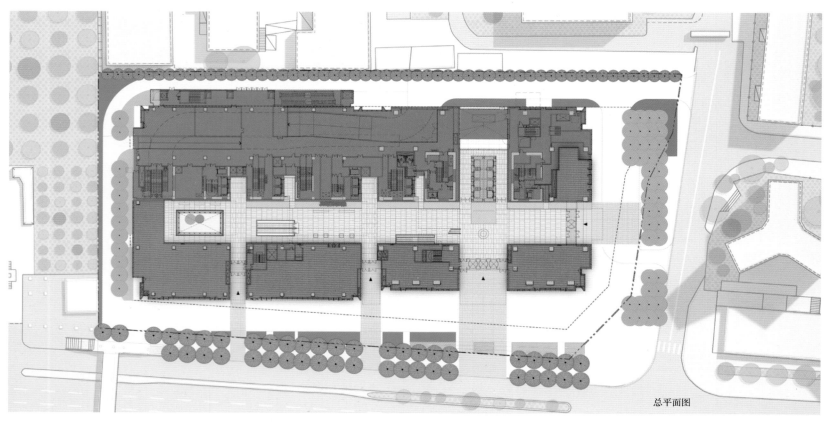

总平面图

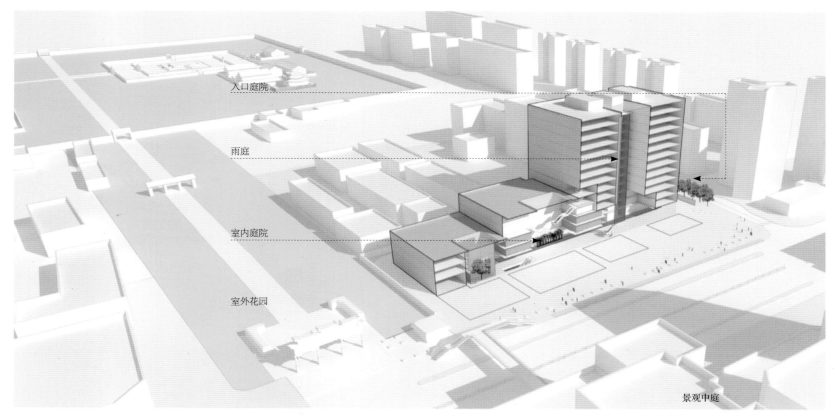

入口庭院

雨庭

室内庭院

室外花园

景观中庭

建筑师团队

高扬、丁学松、曹圣诺

设计周期

2017年5月—2017年8月

建造周期

2017年8月—2018年6月

总建筑面积

1,718平方米

主要建造材料

**手工铸铁 、定制金属镀铜、木纹砖、
雅士白大理石、黑白根天然石材**

摄影

清筑影像（CreatAR Images）

上海市，黄浦区

琥珀大楼改造设计

Eric Tsui（埃里克·徐）/ 主创建筑师　上海境物建筑设计咨询有限公司 / 设计公司

位于外滩虎丘路 27 号的琥珀大楼建于 1937
年，原本是中央银行的一个仓库。这座最早只有
三层楼的建筑，在经历了几次加建后，其内部空
间已经变成了拥挤的五层楼，并且闲置多年。

在上海，提到虎丘路，人们第一时间想到的是
外滩美术馆，是附近的半岛酒店、圆明园路和外滩
源，或者是艺术，是精致优雅的生活方式。而位于
外滩美术馆正对面的琥珀大楼，却在城市文化中
长年隐形和缺席。

最初，业主想把整栋楼全部改造成联合办公，
并且利用内部的夹层创造最大化的使用面积。我
们参与之后，很快否定了这个想法。因为在我们看
来，处在如此重要的街区中，其改造的第一步，应
当是重新定义大楼的空间价值，继而为其创造出
更多的价值和可能性。

基于此，我们放弃了大楼的整体改造，而是将
合同变成了公共空间改造设计。

首先，我们拆除前区的部分夹层，在建筑入口
创造一个通高两层的大堂，并用巴西利卡式的拱
廊贯穿。由于大楼两侧与相邻建筑的间距极小，
采光条件很差，我们索性将大堂区域原有的侧窗
改为镜子做成的假窗，从而延展了大堂的宽度和
纵深感，使其成为一个体验上非常明亮的空间。

同时，我们还设计了一个通高两层的"树庭院"
和一个通高到屋顶的"光庭院"。大堂与两个庭院
沿进深排布，作为建筑内部公共景观和交通联系
的节点。

琥珀大楼内部有粗犷的混凝土梁柱、钢架和
支撑木楼板的细木梁，有的甚至还残留着不知何
时的一场火灾留下的灼烧痕迹，这在外滩一众洋

行建筑中是极其少见的，初见时便印象深刻。时过
境迁，如今的大楼不再作为仓库，而这些结构却愈
发饱含沉淀的魅力。

对此，我们采取了拼贴和并置的方式，新增的
构件精致明亮，回应着当下外滩的优雅。当他们与
粗粝的原始结构并置时，所呈现出来的是时间的
张力和空间的戏剧性，以及一种不期而遇的艺术
性体验。

改造后的大楼于 2018 年年中开放运营，重生
出新的话语和活力。贝浩登画廊第一时间租下了
大楼的顶层，作为其在中国内地的首家画廊。同时，
大楼还迅速吸引了外滩美术馆和诸多媒体、设计
艺术机构入驻办公。业主原本计划的开业仪式和
宣传活动也因为很快满租而不再需要举办。作为
一个从策划出发，再落地于空间的设计项目，这是
让我们感到很惊喜和欣慰的结果。

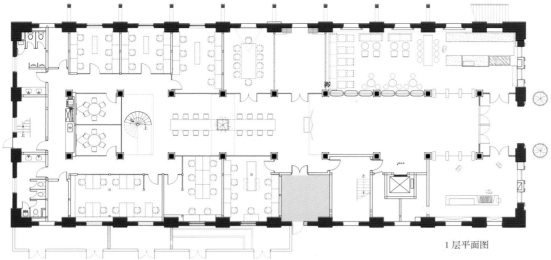

1层平面图

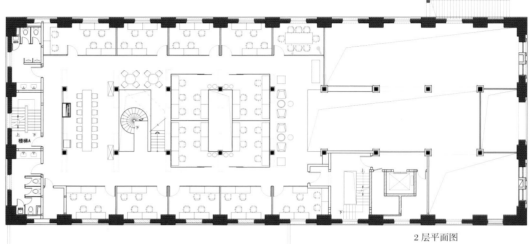

2层平面图

建筑师团队

魏伟、张弓、王俊英、张俊、
张凤伟、段惠敬、程广晓、刘宗杰、
刘青、野光明、董月洪

结构设计

于芮

设备设计

聂亚飞、付瑞雪

设计周期

2017年1月—2017年6月

建造周期

2017年7月—2018年4月

总建筑面积

30,615平方米

主要建造材料

LOW-E玻璃、铝板

获奖情况

2018年度REARD地产星设计大奖

城更星·建筑 佳作奖

摄影

E.T

北京市，海淀区

北京弘源首著大厦改造

赖军、辜丽莉／主创建筑师　北京墨臣建筑设计事务所（方案设计、施工图、室内设
计、景观设计）／设计公司

城市更新是城市发展的重要课题，随着经济
的快速发展和城市化的高速提升，快餐式建设模
式在今日得到理性的反思。墨臣多年来积极投身
城市更新的实践，从城市空间到建筑单体，积累
了很多实际经验。此次墨臣与弘毅投资合作，为上
地区域的老式写字楼弘源首著大厦（原数字传媒
大厦）进行室内外及景观的一体化改造设计，再次
展现出墨臣在城市更新方面的突出实力。

项目背景及现状

弘源首著大厦位于上地信息路核心地段。作
为上地区域重要的商业一员，弘源首著大厦对区
域未来发展肩负着不可或缺的责任。设计者现场
考察发现，建筑外部材质老旧脱落，内部封闭、昏
暗、方向感差，建筑辨识度底；室内外之间被墙体
和门窗层层阻隔，阳光、视线都被阻挡在外。同时，
现代办公所需要的多种功能空间缺乏等，都成为
大厦现阶段必须改造的原因。

改造难点

此次改造区域为公共空间、建筑外立面及景
观部分。根据业主方诉求，该项目面临以下难点：

1. 改造工作不影响大厦正常租赁使用。也就
意味着改造要与日常办公同步进行，这与常规的
改造项目人员腾空搬离的设计难度截然不同。

2. 最大程度保证环境质量。降低各类因施工
而出现的噪音、粉尘等污染因素。

3. 合理的成本控制。出于经济因素考量，业主
方希望设计者最大化性价比做好设计。

4. 完善设计方案，确保改造工作条理有序地
进行。根据以上多方面要求，设计者还需要针对各
方的限制及可能出现的突发问题进行提前考量及
准备，确保改造工作得以条理有序地进行。

设计理念

经过多方探讨，设计者决定用一种图像方格
的语言"数码像素"诠释项目的时尚性格，对建筑

内外进行一体化设计。像素由一个个微小色块组
成,这些小色块明确的位置和被分配的色彩数值,
决定了该图像所呈现出来的样子。设计者希望以
每层不同的色块来增强空间的层次感，依靠色阶
的变化，提升建筑内部空间的辨识度，黄、绿、蓝、
青等明亮鲜艳的色块，共同组成一幅明快活泼的
精彩图像。 同时，除了内部空间颜色上的跳跃变
化，建筑地面、外立面以及景观部分也通过对方
格元素的运用，完美诠释了"数码像素"这一理念。

改造阶段

1. 内部——塑造中庭

设计者将封闭的中庭屋顶全面打开，改造成
大面的玻璃屋顶，为内部空间提供足够的阳光及
视线。

同时为了达到环保的要求和预算的控制，室内
地面改造未选用拆除重建的方式，而是选用环保

铺贴的新手法,在图案选择上也将"数码像素"的方格语言融汇一体,造型新颖独特,经济实用。

2. 外部——增加商业外摆

室外的南侧地块改造前是自行车停放空间,道路阻塞,脏乱不堪。设计将南侧首层改造为商业店铺,创造商业外摆,同时引入高端店铺,增加该地块的商用价值,增强建筑与城市界面的商业互动。

3. 立面——塑造简约时尚形象

外立面设计利用方格玻璃幕墙形式,材质上选用 LOW-E 玻璃、铝板两种主材,简约大气更显格调。

4. 景观——"方格式"理念应用

景观设计在细节处将园林中"汀步"运用其中,用方砖作汀步,用石子代替流水,错落有致,质朴自然,别有意趣。

多次设计与施工配合改造案例的墨臣,在设计优化、项目质量、进度控制以及造价控制等各方面已有了很深厚的经验,也正因为出色的设计水平和对施工进度的协调把控,才能让此次改造项目完美收工。改造后的弘源首著大厦,融合了精品商业与文化办公的双重身份,以明亮全新的面貌展示在众人面前。

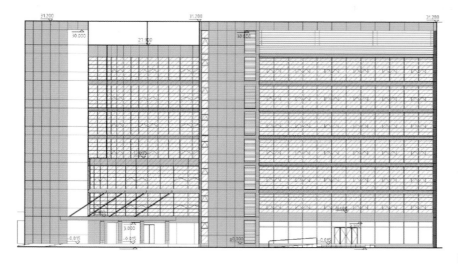

建筑东立面图

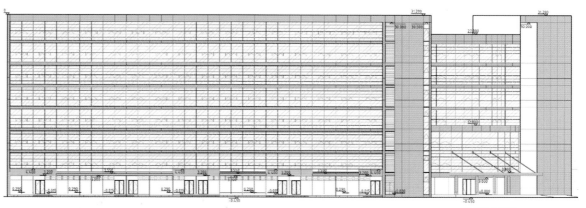

建筑北立面图

北京市，朝阳区

OS-10B地块城奥大厦
项目

邵韦平／主创建筑师　北京市建筑设计研究院有限公司方案创作工作室／设计公司

建筑师团队

刘宇光、吴晶晶、王风涛、吕娟、
高阳、周艳青

结构设计

周思红、张世忠、庞岩峰、池鑫、
常虹、沈凯震

设备设计

郑克白、祁峰、陆东、张成、
翟立晓、艾妍

设计周期

2016年5月—2018年9月

建造周期

2017年5月—2018年12月

总建筑面积

约7万平方米

工程造价

约8000元/平方米

主要建造材料

钢框架混凝土核心筒、玻璃幕墙

获奖情况

第九届"创新杯"建筑信息模型（BIM）
应用大厦工程全生命周期类BIM应用第二名

摄影

吴吉明、吴晶晶、高阳

奥体南区OS-10B城奥大厦位于奥体文化商务园区中心景观10号地的东北角，地上建筑面积约7万平方米，地上19层，建筑最高点95米。建筑功能以商务办公为主。由于10B项目位于园区中心一个规模超过十公顷的开放绿地之上，为了充分融入环境，并充分利用周边的景观文化资源，建筑通过柔和圆润自由的空间形态实现与周边道路和建筑的和谐对话。本园区未来将服务于2022年冬奥会，因此10B地块项目为了强调地域文化，传承城市的历史和文化并映射城市的未来，将延续奥运运动主题并面向未来城市空间。方案取自于花样滑冰的运动轨迹，通过层层流动的轨迹生成动感的建筑形象与中央绿地自由曲线融为一体，同时回应了周边的弧形的城市道路，仿佛明珠一般镶嵌在场地之中。OS-10B城奥大厦作为本土原

创设计的非标准大型复杂性公共建筑，由建筑师借助数字技术进行设计及建造控制。该项目圆润自然的形体与周边曲线的道路和景观巧妙契合并体现了开放和高性能建筑的特征。从设计到建造的整个过程充分体现了信息时代"个性化定制"实现自由设计的发展趋势。

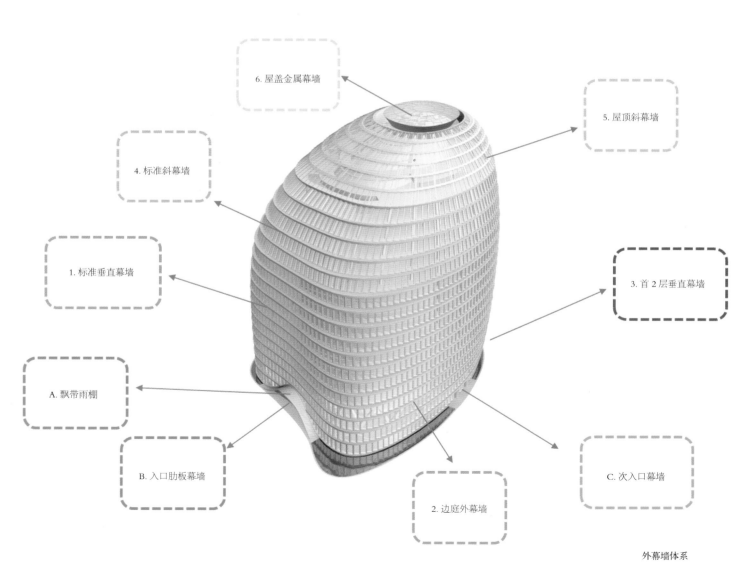

6. 屋盖金属幕墙

5. 屋顶斜幕墙

4. 标准斜幕墙

1. 标准垂直幕墙

3. 首2层垂直幕墙

A. 飘带雨棚

B. 入口肋板幕墙

2. 边庭外幕墙

C. 次入口幕墙

外幕墙体系

上海市，长宁区

上海虹桥国际机场T1航站楼改造及交通中心工程

郭建祥／主创建筑师　华东建筑设计研究院有限公司华东建筑设计研究总院／设计公司

建筑师团队

吕程、张宏波、孙芸、马宏涛、鞠黎舟

结构设计

周健、张耀康、许静、顾乐明

设备设计

马海渊、赵成、张嗣栋、吴文芳、王宜玮

节能设计

瞿燕、陈湛

设计周期

2012年2月—2016年11月

建造周期

2014年12月—2018年8月

总建筑面积

203,746 平方米（其中T1航站楼131,845
平方米;交通中心71,901平方米）

工程造价

27.78亿元人民币

主要建造材料

铝板、玻璃、涂料

获奖情况

2019年上海勘察设计协会优秀设计一等奖

2017年第23届联合国气候大会获绿色解决
方案奖

2017年获上海建筑学会创作优秀奖

2016 "上海城市建筑品质案例" 城市更新
示范项目

2016年获上海市绿色设计金奖

2016年度上海市既有建筑绿色更新改造评
定金奖

摄影

庄哲、胡义杰

1921 年辟建至今，虹桥 T1 航站楼见证了上海近百年的沧桑巨变。虹桥 T1 航站楼的升级改造，对完善虹桥商务区服务功能，带动虹桥商务区东片区综合改造建设上海乃至全国的 "现代航空服务示范区"，实现"脱胎换骨"的转变，具有重要的意义。

虹桥 T1 改造以提升航站楼整体服务品质、安全保障系统、环境空间形态为目标，旨在打造精品航站楼。项目荣获联合国气候大会授予的全球绿色解决方案奖——既有建筑绿色改造解决方案奖。同时被国家民航局列入中国民航首批"四型（平安、绿色、智慧、人文）机场" 示范项目。

1. 一体综合，功能多样

T1 航站区经过重新规划，总开发建筑面积达 30 万平方米。改造区域分为航站楼功能区、交通换乘区和南侧、北侧综合开发区四个部分。T1 航站楼建成后可承担年旅客吞吐量 1000 万人次，建筑面积 13.2 万平方米；交通中心承担航站区到发旅客的交通换乘，建筑面积 7.2 万平方米；南侧、北侧地块的综合开发定位为航站楼配套的办公和商业服务；最终形成一体化的航站楼综合体。

2. 环境建筑，相互映衬

航站区外部空间环境与建筑形态一体化设计，总体景观肌理从车库屋顶一直延续到楼前交通中心，形成整体过渡的空间序列。交通中心区域的集中绿化改善了航站楼门前整体景观形象。

3. 便捷舒适，人文智慧

与航站楼在同一屋檐下的换乘中心，集合各类陆侧交通换乘模式，快捷便利，提高了公共交通载客比例，为航站楼功能外延提供良好的平台。

商业的良性开发带来多样、高品质的购物体验，提升旅客出行体验。

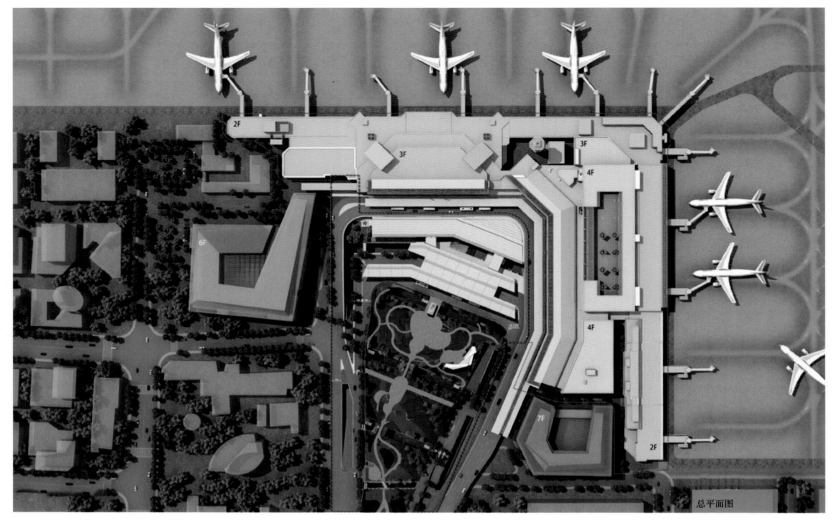

总平面图

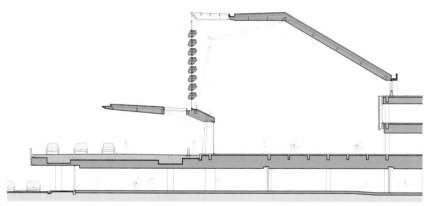

A 楼国际出发大厅剖面图

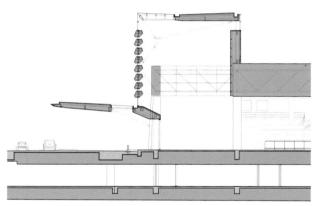

B 楼国内出发大厅剖面图

新技术、智能化设施的应用，提升了航站楼服务品质。

4. 传承文脉，重塑空间

T1 航站楼改造设计风格是内敛的、中性的、方正的，与西侧的虹桥枢纽建筑风格遥相呼应。设计将原航站楼中的设计元素进行提取，运用现代的手法全新演绎，将不同年代的空间有机融合，重塑成带有历史记忆的全新的航站楼形象。直接外露的钢结构作为空间中重要的表现要素，将结构特征与功能形式完美结合。

5. 低碳运行，绿色典范

立足于既有机场建筑改造，通过结构检测与加固尽可能保留旧有建筑结构。循环利用拆除的构件材料，使原有材料融入改建部分中。结合建筑自身特点制定被动式的绿色策略。通过建筑表面风压分析和窗墙比控制，合理选择立面开窗、遮阳的位置与形式。设置高侧窗和通风塔天窗，形成热压拔风效应，改善室内通风品质的同时优化室内采光效果。通过数值模拟确定倾斜屋顶最佳角度，内表面采用散射性好的反光材料，有效引入自然光。车库四周和内部设置下沉庭院，引入通风和采光。屋顶设置乔、灌、草相结合的景观绿化，

调节区域微气候，且通过覆土加强顶板隔热能力。

6. 易分易合，技术成熟

为保证改造过程中航站楼的正常运营，本次改造采取分阶段、置换改造方式，充分考虑过渡期空间置换的实施便利性与可行性，确实做到分步实施中航站楼的正常运行。

1 层平面图

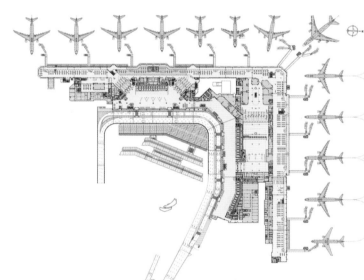

2 层平面图

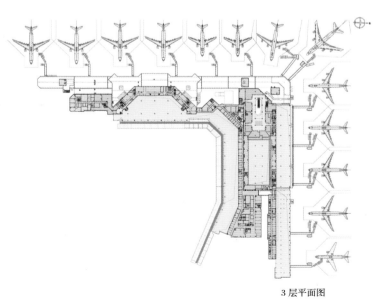

3 层平面图

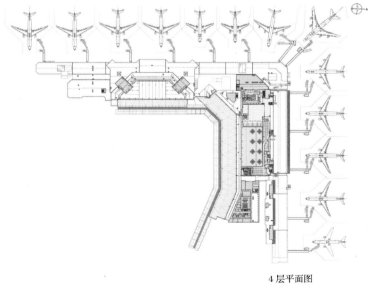

4 层平面图

建筑师团队

门小牛、黄墨、陈静雅、宋罕伟、
刘阳、胡霄雯

结构设计

王国庆、陈清、陈林、赵胤、
吴建章、常坚伟、陈冬

设备设计

金巍、李大玮、徐广义、刘春昕、
安欣、赵迪（设备）

杨明轲、康凯、权禹（电气）

设计周期

2013年12月—2015年10月

建造周期

2015年11月—2018年9月

总建筑面积

99,725平方米

工程造价

14.9亿元人民币

主要建造材料

混凝土、钢材、玻璃、阳极氧化铝单板

获奖情况

2018年度建筑防水行业科学技术奖 工程技
术奖（金禹奖）金奖

2017-2018年度建设工程金属结构（优质工
程）金钢奖特等奖

2017年广西建设工程优质结构奖

摄影

杨超英

广西壮族自治区，桂林市

桂林两江国际机场
T2航站楼

田晶、王晓群、刘琮／主创建筑师　北京建筑设计研究院有限公司　第四建筑设计院、
机场建筑研究中心／设计公司

基于对现状场地、目标容量、跑道和陆侧等基本需求的深入研究，方案采用单一空侧、贯穿式陆侧及新楼与老楼平行式发展的格局，同时南端开放保留下一期建设灵活性，北端与现状T1航站楼在空陆侧进行紧密便捷的衔接。这一举措最大限度为机场发展节省用地、为远期发展预留更大灵活性，并为T1与T2航站楼协同运行提供最大便利。

桂林机场T2航站楼以10万平方米的建筑面积提供了年吞吐量850万人次的国内、国际进出港旅客流程。集中式主楼与两条直线型垂直指廊，提供了24～26个近机位接驳条件，挑战了接驳效率的极限。这些成果均有赖于设计之初即决定采用的集约、高效为原则的设计策略。

紧凑的平面、简单的楼层设置、清晰的功能分区、简洁的旅客流线，多种措施并重的设计方式进一步提升机场功能的高效性。此外，本案还着力于提供更灵活的机位布局（组合机位）、更灵活的国际国内登机门互相转换以及各处设施的拓展空间，使机场运行具备足够的弹性。

连续起伏的建筑形态既是对桂林深入骨髓的山水意向的积极响应，也是对旅客抵离时有关仪式感和归属感的心理需求的恰当回应。这种外部形态亦在建筑内部形成高低连续变化的空间节奏：五个连续起伏与进出港大厅—商业或中转连接区域—指廊候机区和到达通廊的空间序列相对应，形成了由主楼到指廊的高低空间过度透过建筑。

通透的玻璃幕墙，真实的喀斯特地貌独特的山形景观映入眼帘，旅客在接近建筑、使用建筑的时候经历了由外部到内部再到外部的感知转换，获得一种全方位沉浸式的感知体验，在交通事件之外，无意识地完成了一次特殊的艺术体验活动。

屋顶采用单层拱壳结构，五个高度递减的连续拱覆盖了主要的建筑空间，由多榀互相支撑的倾斜拱为骨架，顶部覆盖单层拱壳结构和屋面构造系统。建筑与结构充分合作，为实现"建筑与结构的一体化设计"的目标，采用BIM设计的协同工作方法，实现了结构与屋面的高程度的协同，结构构架直接裸露在室内，为建筑打造了极具特色的屋面天花风格。

巧妙的曲面控制与精细的构造设计，把天窗和天沟置于室外侧，实现无孔洞的连续坡屋面，大大提高屋面防水的安全性。屋面创新地采用TPO卷材防水与阳极氧化铝单板集成的构造方案，提供高质量的防水解决方案和高还原度的建筑外观效果。

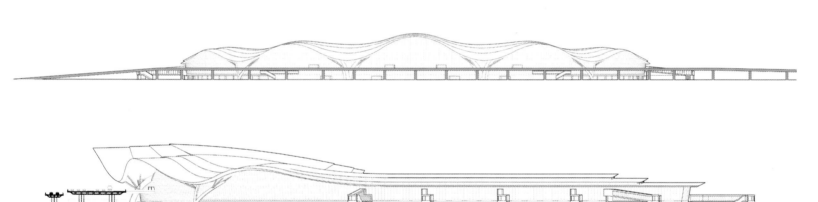

立面图

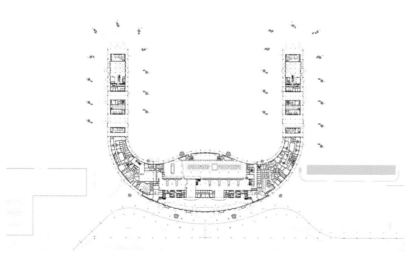

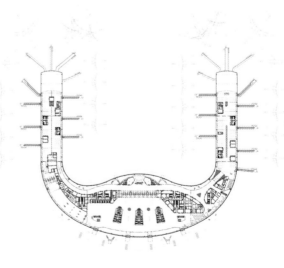

1层平面图   3层平面图

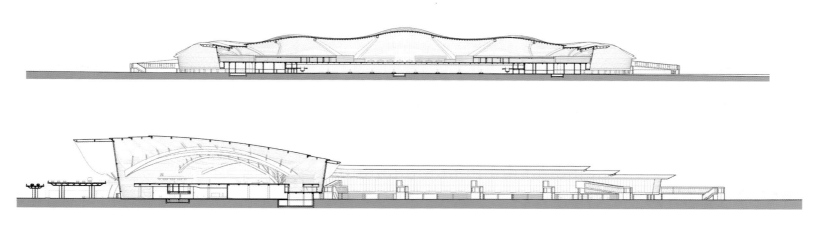

剖面图

浙江省，杭州市

新建杭州至黄山铁路富阳站

王幼芬／主创建筑师　杭州中联筑境建筑设计有限公司／设计公司

建筑师团队

严彦舟、孙铭、祝狄烽、李嘉蓉、

胡泊、纪圣霖

结构设计

杨旭晨、孙会郎、吴建乐、唐伟、朱洪祥

设备设计

竺新波、于坤、何佩峰、李鹏展、

徐冰源、纪殿格

设计周期

2015年—2017年

建造周期

2017年—2018年

总建筑面积

34,000平方米（站房综合体22,000平方米，

站房12,000平方米）

工程造价

1.6亿元人民币

主要建造材料

混凝土、玻璃、石材、铝板

摄影

陈畅、黄临海

富阳站位于富阳区江南新城南端，背靠绵延的龙门山峦，南侧紧靠杭新景高速公路，背山面城的区位特点，使富阳站成为江南新城发展的重要契机，将是富阳这座江南山水园林文化城市对外交流的驿站。

设计将站房与群山整体考虑，采用意象化的方式对富春山居的意境进行诠释，用现代的语言诠释山水驿站的意境。

1. 功能布局与流线组织

站房设计在保证整体形象完整的前提下，对各功能用房进行合理分区，在功能布局上，结合地形均采用线侧下的方式，保证了不同流线的清晰有序。在场地设计上统筹安排，发挥地形优势，同时化解不利因素，合理进行各种交通流线的组织。

2. 内部空间与结构形式

富阳站充分体现观光旅游车站的特色，候车厅散亮通透，内外交融，站房北面江南新城，背靠绵延群山，最大化将山景引入候车大厅。两侧采光绿化庭院由二层向候车厅延伸，使游客在候车的同时也能感受富阳秀美的景色。站房结构形式简洁经济，与站房造型和内部空间高度统一，根据内部功能空间采用钢结构屋面与混凝土屋面结合的形式，提高结构经济性。

3. 建筑形象与地域特色

富阳素有"天下佳山水，古今推富春"之盛誉，悠久的历史人文底蕴、秀美的山川江景造就了富阳站舒朗的建筑形象。设计立足于自然环境和地域特色，简洁的双坡屋面对站房南侧的山势进行了呼应，深远的挑檐，轻盈舒展的造型，突显着背山面城的场地特征，既有富春山林驿站的悠悠古韵，又不乏面向未来的现代气息。

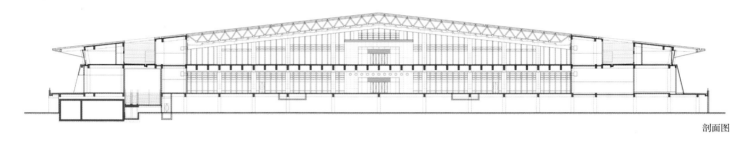

剖面图

剖面图

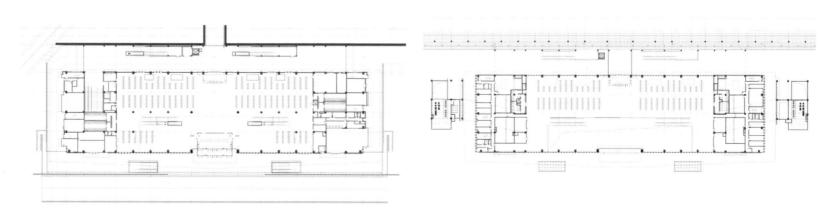

1 层平面图

2 层平面图

山东省，高密市

济青高铁高密北站

王幼芬、严彦舟 / 主创建筑师　杭州中联筑境建筑设计有限公司 / 设计公司

建筑师团队

王幼芬、严彦舟、陈立国、金智洋、
骆晓怡、俞晨驹

结构设计

杨旭晨、朱伟、孙会郎、唐伟、
李循锐、吴建乐、刘红梅

设备设计

纪殿格、章海波、于坤、何佩峰、
李鹏展、唐霖

设计周期

2015年9月—2016年10月

建造周期

2017年10月—2018年12月

总建筑面积

9872平方米

工程造价

1.4亿元人民币

主要建造材料

钢筋混凝土框架、钢网架、铝板及玻璃幕墙

摄影

黄临海

高密北站位于高密市北面，距离市中心14.5千米处，东侧紧邻夷安大道S220，距离南侧v高速公路约5.4千米。

高密北站为新建济南至青岛高速铁路线上高密站点，站场规模2台4线，总建筑面积9872平方米，设置两层候车，为线侧下站房。站房主体二层，两侧局部夹层。一层中部主要功能包括进站广厅、候车厅、商务候车室、商业综合开发等，东侧为售票厅、售票办公及综合控制室等功能用房，西侧为出站通道及变电所等功能用房。站房二层功能主要包括候车厅、商业服务、车站办公及各类设备用房。

高密历史悠久、人杰地灵，极富地方特色。诺贝尔文学奖得主莫言的代表作《红高粱》就承载着作家对故乡高密满怀深情的记忆。建筑造型为中间高两侧底的简洁体块组合，既符合站房的功能特点，又表达了北方建筑坚实、厚重、稳定的性格特质。两侧开敞的柱廊和主入口大雨棚共同营造了舒适的室内外过渡空间。主立面上镂空的花格幕墙虚实相间，象征着高密传统的地方剪纸艺术；富有变化的折面石材饰面处理，象征着高粱果实的肌理，传达着丰收的喜悦，大红色的使用，寓意着高密人民的热情奔放和勤劳质朴。

高密北站的设计难点在于要将一个大型的功能性建筑与高密独有的地方文化相结合。设计中站房主体立面使用模块化的镂空铝板幕墙进行拼搭，以结合高密的剪纸民俗艺术。红色的铝与高反射比的玻璃幕墙配合下，站房形象显得现代而精巧。在传统高铁站房注重实用性的基础上更添加了一份艺术感。

山东省，淄博市

济青高铁临淄北站

于晨／主创建筑师　　杭州中联筑境建筑设计有限公司／设计公司

临淄北站设计中以现代手法的大屋面呈现历史建筑的记忆,采用了当地传统建筑的缓坡屋檐、实墙少窗的设计手法,但是采用了更清透的玻璃作为屋顶材料,立面处理上也增加了虚(玻璃)的比例。且并未使用高台的元素,使得整个建筑厚重之外更加柔和、更具有亲和力。尊重临淄北地区独特的气候环境和地域文化,表达既有当代时代特征,又蕴含地域特色的车站建筑新形象。

临淄北站,站场规模2台4线,总建筑面积10,000平方米,设置两层候车,为线侧下站房。

建筑师团队

金智洋、郭磊、严彦舟、刘欣仪、顾晨曦、方炀

结构设计

杨旭晨、孙会郎、唐伟、吴建乐、阮楚烘、朱伟、朱蓓

设备设计

潘军、于坤、何佩峰 、李鹏展、王自立、高云亮、纪殿格 、何文建

设计周期

2015年11月—2016年10月

建造周期

2016年12月—2018年12月

总建筑面积

10,000平方米

工程造价

1.34亿元人民币

主要建造材料

石材、铝板、玻璃、金属屋面

摄影

黄临海

建筑师团队

郭磊、严彦舟、金智洋、陈立国、
江丽华、顾晨曦、方炀

结构设计

杨旭晨、孙会郎、刘传梅、吴建乐、
唐伟、王芳、金卫明

设备设计

杨迎春、纪殿格、潘军、姚竹弦、
王自立、李鹏展、余富奇

设计周期

2015年11月—2016年12月

建造周期

2017年2月—2018年12月

总建筑面积

60,000平方米

工程造价

17亿元人民币

主要建造材料

铝板、玻璃、金属屋面

摄影

黄临海

山东省，潍坊市

济青高铁潍坊北站

于晨／主创建筑师　杭州中联筑境建筑设计有限公司／设计公司

潍坊北站设计立意于中式传统文化的全新演绎，抽象、简洁的经典造型融合新式的斗拱元素，在石材幕墙与竖向长窗的衬托之下，突出了站房庄重典雅、气势恢宏的磅礴之意，展现了潍坊北站作为区域交通枢纽应有的城市地位。

济青高铁潍坊北站（Weifangbei Railway Station）位于山东省潍坊市北外环以北的寒亭区，客运站房面积约60,000平方米，最高聚集人数为1500人，站房形式为跨线式站房，站台规模为7台20线。

设计构思：鸢飞翼展，活力之都

潍坊北站站房造型从传统的盘鹰风筝汲取灵感，主立面以简洁有力的折线勾勒出雄鹰展翅欲飞的动势，支撑大屋面的结构构建稳定而纤细，寓意风筝的丝线，屋顶边缘钢构架和采光屋面相结合的设计象征着风筝的骨架和鹰翼的薄羽，方案

不仅以磅礴的造型语言表现了潍坊如雄鹰般展翅翱翔的稳健和高度，同时也以精致的建筑细部处理表现了潍坊自古作为手工业城市的工匠气质和对技艺的坚守、传承。

室内设计理念

室内主要公共空间与室外空间相协调，采用整体的设计策略，W型钢屋面对外形成风筝主体造型的同时，向内延伸，富有韵律的折面天花随着高度的提升由陡变缓，进而与候车大厅吊顶平缓连接，营造出稳定、连续、通透的空间过渡效果，无论从室外落客平台去看车站的内部空间，还是从广厅或候车厅向外眺望，都能够感受到这一场所的流动性，从而忽略了室内外的边界，获得趣味盎然的整体性空间体验。

功能布局

站房设计了合理清晰的流线，预留连接通道

实现了城市交通至铁路交通的无缝换乘，为旅客集散提供了便捷的路径。并结合考虑了站房周边高铁新片区的功能定位，为使这一区域成为集交通枢纽、商务办公、星级酒店、商业购物、文化休闲、生态居住于一体的经济圈打下了良好的基础。

未来地位

到2025年，中国高速铁路将形成"八纵八横"的高铁网。潍坊北站将在高铁网中占有重要的枢纽位置，济青高铁、潍莱高铁、京沪高铁、环渤海高铁等高铁在潍坊穿越而过。同时，潍坊北站也将是未来潍坊中心城区至滨海轨道R1线，至新机场R2线和地铁1号线的换乘中枢，未来的潍坊北站将是融合高铁、城际、地铁、城市公交和出租等诸多功能的大型综合性交通枢纽。

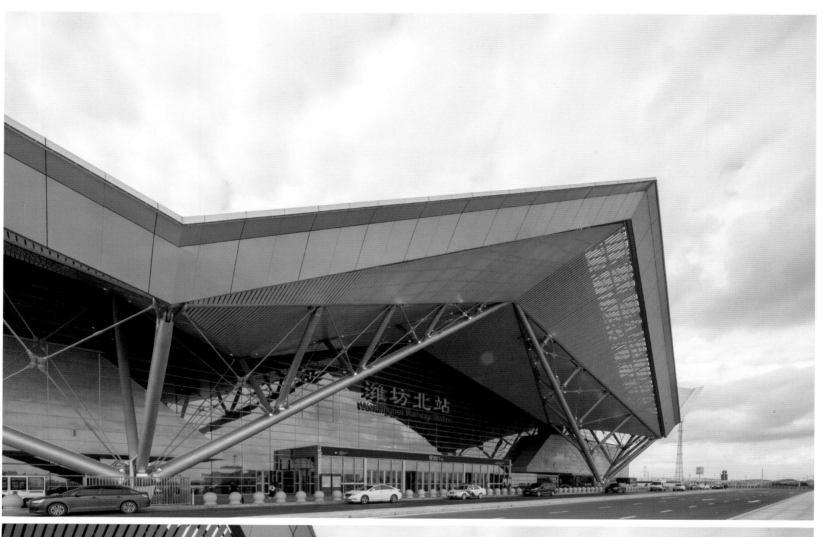

建筑师团队

于晨、严彦舟、金智洋、郭磊、
曾德鑫、俞晨驹、骆晓怡

结构设计

杨旭晨、孙会郎、唐伟、吴建乐、
夏伟鑫、朱伟、魏结强

设备设计

潘军、纪殿格、何文建、李鹏展、
唐霖、于坤、何佩峰

设计周期

2015年11月—2016年10月

建造周期

2016年12月—2018年12月

总建筑面积

24,000平方米

工程造价

2.7亿元人民币

主要建造材料

铝板、玻璃、金属屋面

摄影

黄临海

山东省，济南市

济青高铁章丘北站

王幼芬 / 主创建筑师　杭州中联筑境建筑设计有限公司 / 设计公司

章丘北站位于济南市章丘区北部，距离章丘区中心约14千米处。北侧约5千米处为济青高速，东侧有S244省道通过，并与济青公路、京沪高速相连接。站中心里程为DK30+600，站场规模2台4线（含正线）。中心里程处车站轨顶高程为42.8162米，设洞身8.0米的旅客进出站地道一座。

章丘北站房为线侧下式房，站房总长为136.5米，总宽37.5米，面积约为24,000平方米，最高聚集人数为300人（远期），属小型铁路旅客站。

章丘素有"小泉城"之美誉，悠久的历史人文底蕴，秀美的百脉泉造就了章丘北站舒朗的建筑形象。设计立意于："泉水喷涌，百脉升腾"。以富有韵律的预制构件和玻璃幕墙构成精巧的建筑表皮，寓意泉水喷涌，百脉升腾之意向，表达出百脉泉诗意与活力并存，澎湃却不乏细腻的独特气质。

站房和站台之间设置了混凝土雨棚，雨棚顶棚由多个与结构梁相结合的流线型梭状板构成，其形式与站房有所呼应，贴近站房一侧为玻璃顶，阳光透过梭状的板洒至连接体通道，营造出明亮高敞、富有韵律且又独具特色的进出站过渡空间。

室内设计整体通透，在保证室内整体效果的同时，融入了与外立面相匹配的建筑元素，使室内外结合更加有机。章丘北站站房主体地上二层，局部三层，站前广场下方设置半地下室候车区以及停车接驳区。地上建筑面积10,000平方米，地下建筑面积14,000平方米，总建筑面积24,000平方米。

站房一层平面中部为进站广厅、候车厅室等公共空间；两侧为售票厅、出站厅、售票办公及四电用房；二层中部为候车厅，两侧为四电用房、办公用房及设备用房。

章丘北站结合下沉庭院设计了4000平方米的半地下室候车区，通过500平方米的换乘空间与站房主体门斗无缝连接，实现了双重进站。同时在候车厅周围设置了10,000平方米的停车进站接驳空间，更加紧密地联系了停车场和主站房，真正实现了"零换乘"。这也是10,000平方米左右的旅客车站设计中的创新思考，巧妙地解决了站房批复规模和地方需求规模之间的差异，也兼顾了后期运营的灵活性，同时也从空间维度优化了旅客换乘流线的组织。

建筑师团队

高远、孙晨炜、王智

结构设计

邵长专、罗智

设计周期

2018年1月—2018年10月

建造周期

2018年10月—2019年1月

总建筑面积

26.3米×3.6米

工程造价

140万元人民币

主要建造材料

混凝土

获奖情况

2018增材制造全球创新大赛

"创新先锋奖"（二等奖）

（北京市科委、丰台区政府颁发）

2019年美国 The 2019 Architizer A+

Awards 最受公众欢迎奖

摄影

清华大学建筑学院–中南置地数字建筑联合

研究中心

上海市，宝山区

上海智慧湾3D打印混凝土步行桥

徐卫国／主创建筑师　清华大学建筑学院–中南置地数字建筑联合研究中心／设计公司

　　2019 年 1 月 12 日，目前全球最大规模的混凝土 3D 打印步行桥在上海宝山智慧湾落成。该工程由清华大学（建筑学院）– 中南置地数字建筑研究中心徐卫国教授团队设计研发，并与上海智慧湾投资管理公司共同建造。

　　该步行桥全长 26.3 米，宽度 3.6 米，桥梁结构借取了中国古代赵州桥的结构方式，采用单拱结构承受荷载，拱脚间距 14.4 米。在该桥梁进入实际打印施工之前，进行了 1:4 缩尺实材桥梁破坏试验，其强度可满足站满行人的荷载要求。

　　该步行桥的打印运用了徐卫国教授团队自主开发的混凝土 3D 打印系统技术，该系统由数字建筑设计，打印路径生成，操作控制系统，打印机前端，混凝土材料等创新技术集成，具有工作稳定性好、打印效率高、成型精度高、可连续工作等特点。该系统在三个方面具有独特的创新性并

领先于国内外同行：第一为机器臂前端打印头，它具有不堵头、且打印出的材料在层叠过程中不塌落的特点；第二为打印路径生成及操作系统，它将形体设计、打印路径生成、材料泵送、前端运动、机器臂移动等各系统连接为一体协同工作；第三为独有的打印材料配方，它具有合理的材性及稳定的流变性。

　　整体桥梁工程的打印用了两台机器臂 3D 打印系统，共用 450 小时打印完成全部混凝土构件；与同等规模的桥梁相比，它的造价只有普通桥梁造价的三分之二；该桥梁主体的打印及施工未用模板，未用钢筋，大大节省了工程花费。

　　步行桥的设计采用了三维实体建模，桥栏板采用了形似飘带的造型与桥拱一起构筑出轻盈优雅的体态横卧于上海智慧湾池塘之上；该桥的桥面板采用了脑纹珊瑚的形态，珊瑚纹之间的空隙

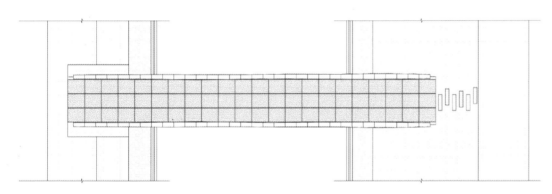

平面图

填充细石子，形成园林化的路面。

该步行桥桥体由桥拱结构、桥栏板、桥面板三部分组成，桥体结构由 44 块 0.9 米 x0.9 米 x1.6 米的混凝土 3D 打印单元组成，桥栏板分为 68 块单元进行打印，桥面板共 64 块也通过打印制成。这些构件的打印材料均为聚乙烯纤维混凝土添加多种外加剂组成的复合材料，经过多次配比试验及打印实验，目前已具有可控的流变性满足打印需求；该新型混凝土材料的抗压强度达到 65MPa，抗折强度达到 15MPa。

该桥预埋有实时监测系统，包括振弦式应力监控和高精度应变监控系统，可以即时收集桥梁受力及变形状态数据，对于跟踪研究新型混凝土材料性能以及打印构件的结构力学性能具有实际作用。

随着我国人口红利的消失，建设工程对于劳动力的需求将越来越供不应求，智能建造将是解决这问题的重要渠道，它将推动我国建筑工业的转型升级，3D 打印作为智能建造的一种重要方式，将对工程建设的智能化发展发挥重要作用。

虽然在 3D 混凝土打印建造方面存在着许多需要解决的瓶颈问题，该领域技术研发及实际应用的竞争也日益激烈，国际国内具有相当多的科研机构及建造公司一直致力于这方面的技术攻关，但还没有真正将这一技术用于实际工程。该步行桥的建成，标志着这一技术从研发到实际工程应用迈出了可喜的一步，同时它标志着我国 3D 混凝土打印建造技术进入世界先进水平。

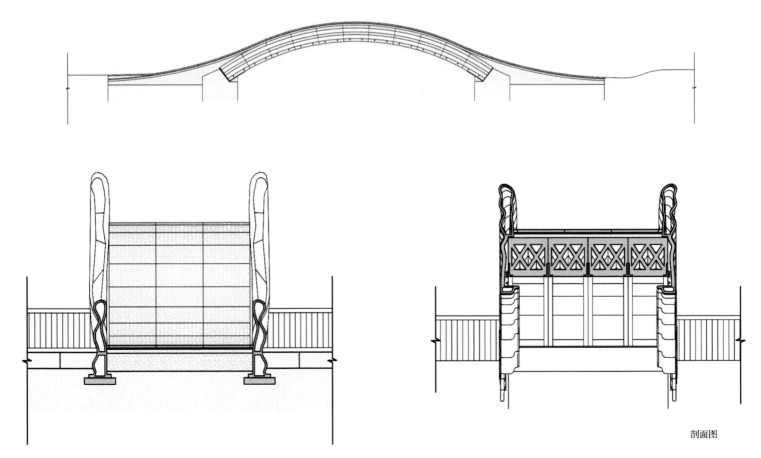

剖面图

北京市，大兴区

华润生命科学园一期立面改造及室内展厅设计

张露秋／主创建筑师　北京弘石嘉业建筑设计有限公司／设计公司

建筑师团队

张维、郝龙英、盛启宇

室内设计团队

李红庆、李子兆、康十妹、申国强、张奇

结构设计

中国航空规划设计研究总院有限公司

设备设计

中国航空规划设计研究总院有限公司

设计周期

2016年—2018年

建造周期

2017年—2018年

总建筑面积

43，000平方米

主要建造材料

陶土板、铝板、玻璃幕墙

摄影

根本堂建筑摄影

华润生命科学园是华润生命科学的首个产业化园区，落地国家自主创新示范区北京大兴生物医药产业基地"中国药谷"核心，占地42.7万平方米，总建筑面积103万平方米。

随着北京市总体规划定位的调整，大兴生物医药产业基地从以医药生产为主转变为产学研用一体化的综合园区，本案业主也及时对项目定位进行了调整，修改了2012年版工业生产的规划模式，重新进行了总体规划设计。而本案的三栋建筑已作为生产厂房竣工落成，面对园区整体定位的调整，其立面形象、平面功能都亟待改造。

本案总建筑面积6.5万平方米，其中地上3.4万平方米。原方案三座厂房均为满足工业生产需求设计，三栋规整的方盒子单层层高接近7米，交通核等功能被布置在建筑外围，外立面采用单一的外墙涂料加小尺度开窗，同时三栋建筑的南侧

还被一条总长220米的生产运输连廊连接。如何将这三栋厂房从工业建筑转变为宜人的研发、试验混合功能建筑成为本次设计的重点。

首先需要将三栋工业尺度的厂房与园区其他建筑的尺度进行协调，将建筑进行横向切分，首层、中间层和女儿墙三种建筑语言的变化对比在一定程度上削减了厂房的厚重感。接着，将建筑原有外围护结构拆除，把能解放的墙体全部解放出来，用幕墙体系代替原有填充墙的形式，使建筑在体量无法改变的情况下做到虚实结合、变化丰富。之后，在玻璃幕墙的位置设置一系列不同尺度的弧形凸窗和挑阳台，经过排列组合和异化变形，让原有的三个方盒子变得生动有趣。

在化解了建筑超常规的尺度感后，又通过暖橙色陶板材料和玻璃幕墙的运用，降低建筑对使用者的距离感。一方面，陶板材料能够体现学院

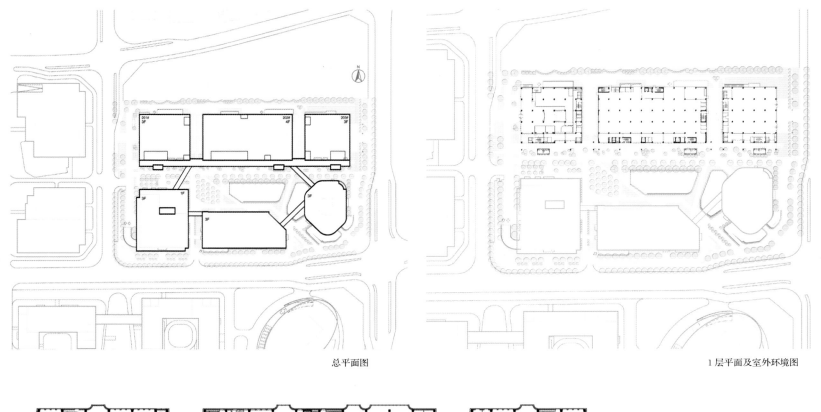

总平面图

1 层平面及室外环境图

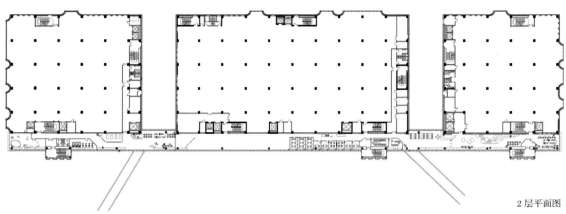

2 层平面图

派建筑的风格，与"产学研用一体化"的园区主题呼应，另一方面，暖色调的建筑与传统印象中代表高科技的冷酷银白色形成差异，对人更加亲近友好，毕竟，建筑的高科技感应体现在对高科技人才需求的关注上。

原建筑用于生产运输的 220 米外廊因建筑功能的转变而丧失了原有作用，变成了一个"多余"的空间，为解决这一问题，在连廊内部置入了包括咖啡、阅读、健身、儿童活动及共享办公等功能，同时将连廊原有外墙拆除，改为玻璃连廊，运用彩色波点夹胶玻璃肋，创造出一条彩虹连廊，使这条原本"多余"的长廊由内而外焕发生机，成为连接三栋建筑的活力纽带。

好的设计只是一个建筑优秀的基础，而对建筑材料及细节构造的控制亦是呈现作品最终效果的关键，为实现设计中弧形凸窗的戏剧性，设计团

队对多家陶板厂家进行了材料比选，经过多次现场样板拼装和调试，才最终确定材料的拼接方式。而对于横向线脚，为体现其轻盈的效果，也与幕墙顾问进行了大量讨论，并对构造节点进行了多轮优化。在经过无数次这类看似微小细节的较真调整后，才最终呈现出改造落成时建筑立面精致耐看的效果。

产业园区的转型是大城市产业转型不可逆转的趋势，产学研用一体化更是产业园转型的热门方向，与本案类似的工业建筑项目也必将越来越常见。而本案正是对这类生产建筑功能转型的一次探索和尝试，希望能够通过这个建筑的落成，为工业建筑的转型和重生找到一条道路。

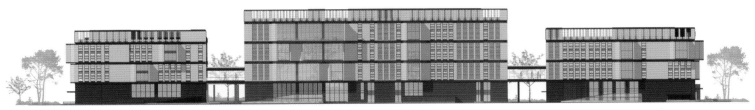

南立面图

西立面图

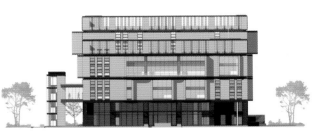

东立面图

TRANSPORTATION & INDUSTRY ■ 交通、工业

建筑师团队
BRUNERIE & IRISSOU ARCHITECTS/
EGIS BÂTIMENTS（概念设计）
杨妹、付晓庆、麻博宇、谢维维、
吴绍鹏、张博雅、戴岳、申利、
任璐、冯洋、王文宇（深化、施工图设计）
结构设计
裴永忠、寇岩滔、李冬星、潘抒冰、
王毅、王亮、程婕、张攀、白丽丽、
叶兴丽、乔霭潼
设备设计
潘茜、邹立成、陶川、朱巍、
刘银萍、谢哲明、薛海龙、杜文澜、
艾鑫、刘静、白雪婧、屈晓哲、
刘芳、王博、毕莹、杨莉莉、李彬彬
设计周期
2015年10月—2016年9月
建造周期
2016年9月—2018年2月
总建筑面积
65,000平方米
工程造价
9.068亿元人民币
主要建造材料
金属夹芯板，玻璃幕墙
获奖情况
天津市钢结构金奖—优秀设计奖
摄影
楼洪忆

天津市，滨海新区

空客天津A330宽体飞机完成及交付中心

杨妹 、付小庆、托马斯·布鲁内里（Thomas Brunerie）、洛娜·马卡姆（Lorna Markham）/主创建筑师　中国航空规划设计研究总院有限公司（深化、施工图设计）
BRUNERIE & IRISSOU 建筑事务所（概念设计）、Egis bâiments公司/设计公司

空客天津 A330 宽体飞机完成和交付中心定制厂房项目是继空客 A320 天津总装线之后，进一步深化中欧航空工业合作的又一重大项目，其主要生产任务是接收完全装配并经测试的整机（除内饰以外），向空客提供客舱内饰安装和飞机改装服务，包括飞机的客舱内饰安装、按客户需求改装、喷漆、称重等，并向空客（天津）交付中心有限公司移交经过完全组装的飞机。

该项目位于天津滨海新区，与现有空客 A320 总装线厂区相邻。项目用地共由两部分组成，一部分为新建项目用地，规划用地约 27,300 平方米；另一部分为在原 A320 项目厂区内改扩建项目，规划用地约 25,000 平方米。新建建筑总建筑面积约 65,000 平方米。

设计理念

工艺核心：以生产运营的科学、高效为主导因素；

人性化设计：从客户日常工作生活习惯出发，营造良好的办公环境和人员动线。

环境友好：关注环境质量，尽量利用自然通风与采光提升工作环境品质。通过建筑围护结构热工性能的优化，控制热能侵入与损耗，有效节省在人工照明、机械通风、人工采暖等方面的巨大能源消耗，降低建设投资与运行成本，结合机电专业设计，实现节能减排目标。

打造地标：以简约的造型与现代建筑材料展示空客天津基地国际一流、科技领先的现代工业

园区特色。

设计手法

A330厂区整体的建筑群主要是以连跨的穹顶形式出现，分解了巨大的体量，营造了一种轻盈感。

整个园区摒弃了繁复的装饰，体现了一种"少即是多"的现代主义设计哲学。立面形式以贯通的横向长窗勾勒，通过构造手法弱化隐藏繁复的构造节点，使整个立面简约纯粹，立面金属板的工业质感得以彰显。配色系统区别于A320园区，整体为银灰色，整个色彩系统更明快、纯粹，工业感十足。

整个厂区的细部节点均进行了精细的处理及控制。在附楼部分，首层以深色整合了繁复的物流及人流入口以及不规则的小型百叶。在喷漆机库的设计中，采用了横纹锯齿板，一是弱化了此立面上因诸多设备用房产生的不规则的百叶，二是利用

阳角的材质变化，形成了一种有趣的质感对比，使得整个建筑更加精致挺拔。

室内部分将综合管线及巨构的防火墙也作为构成室内空间的重要元素，进行了精细化的设计，保证了室内完成效果。

A320厂区扩建部分，延续了原厂区的风格，使得整个建筑群和谐统一。其中新扩建的交付中心为主要视觉亮点。新建部分的玻璃幕墙分格，及顶部的飘板形式不同于原建筑，但以层高、飘板长度和出挑距离的统一，与原交付中心和谐地连接在一起。玻璃分隔基于办公室的模数，体现了模块化的理念。顶部的飘板暴露着钢结构，体现出极强的工业感。钢梁随着出挑方向收刹，檐口部位采用较窄的装饰板进行封边，使得巨大的飘板倍显轻盈。同时，单元式的坡面排水模块，将飘板超长的跨度分解，显得精致轻盈，而山墙部分以上扬的姿态结束，使得整个建筑有一种飞翔的动感。屋

面设备均刷为深色，以弱化其在金属飘板下的反射。

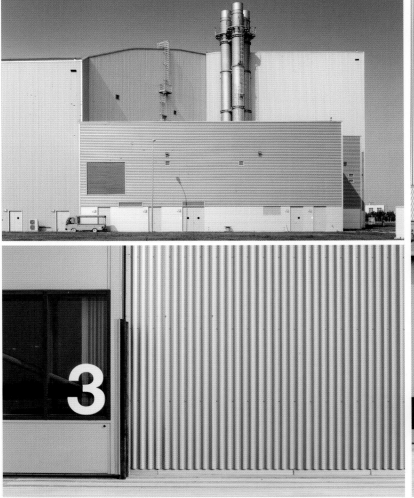

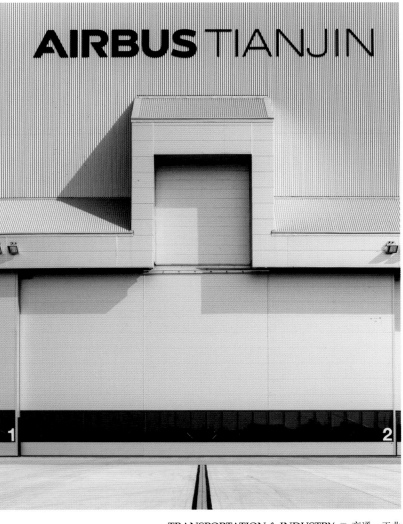

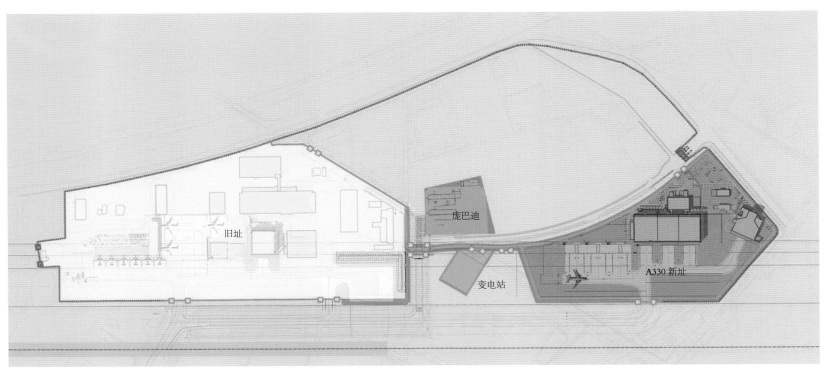

旧址

庞巴迪

变电站

A330 新址

总平面图

主　　编：程泰宁

执行主编：赵　敏　王大鹏

图书在版编目（CIP）数据

中国建筑设计年鉴. 2019 : 上、下册　/ 程泰宁主编.
— 沈阳 : 辽宁科学技术出版社，2020.1
　ISBN 978-7-5591-1342-9

　Ⅰ．①中… Ⅱ．①程… Ⅲ．①建筑设计－中国－
2019－年鉴 Ⅳ．① TU206-54

中国版本图书馆 CIP 数据核字（2019）第 228260 号

出版发行：辽宁科学技术出版社
　　　　　（地址：沈阳市和平区十一纬路 25 号 邮编：110003）
印 刷 者：深圳市雅仕达印务有限公司
经 销 者：各地新华书店
幅面尺寸：240mm×305mm
印　　张：79.25
插　　页：4
字　　数：800 千字
出版时间：2020 年 1 月第 1 版
印刷时间：2020 年 1 月第 1 次印刷
责任编辑：杜丙旭　刘翰林
封面设计：郭芷夷
版式设计：郭芷夷
责任校对：周　文

书　　号：ISBN 978-7-5591-1342-9
定　　价：658.00 元（全 2 册）

联系电话：024-23280070
邮购热线：024-23284502
http://www.lnkj.com.cn